# 难熔超硬耐高温硼化物材料及其应用

尹嘉琦　孟庆潇　籍延广　郭俐聪　郑学家　编著

U0313876

北　京

冶金工业出版社

2018

## 内 容 简 介

难熔超硬耐高温硼化物用途十分广泛，在国民经济、工农业生产、高科技国防军事以及核工业等领域有着多种应用。本书共7章，分别为难熔超硬耐高温硼化物材料通论，硼化钙、硼化钛及硼化锆品种介绍，难熔超硬耐高温硼化物部分品种，复合材料，难熔超硬耐高温硼化物应用总汇，产品的工业规模试验及产业化，难熔超硬耐高温硼化物市场发展前景。

本书可供从事难熔超硬耐热硼化物材料研发、生产的科研人员、技术人员阅读，也可供大专院校相关专业师生参考。

**图书在版编目（CIP）数据**

难熔超硬耐高温硼化物材料及其应用/尹嘉琦等编著. —北京：冶金工业出版社，2017.7（2018.8 重印）
ISBN 978-7-5024-7533-8

Ⅰ.①难… Ⅱ.①尹… Ⅲ.①硼化物—超硬材料—耐火材料—研究 Ⅳ.①TB3

中国版本图书馆 CIP 数据核字（2017）第 135001 号

出 版 人 谭学余
地 址 北京市东城区嵩祝院北巷 39 号 邮编 100009 电话 (010)64027926
网 址 www.cnmip.com.cn 电子信箱 yjcbs@cnmip.com.cn
责任编辑 李培禄 美术编辑 彭子赫 版式设计 孙跃红
责任校对 郑 娟 责任印制 李玉山
ISBN 978-7-5024-7533-8
冶金工业出版社出版发行；各地新华书店经销；北京建宏印刷有限公司印刷
2017 年 7 月第 1 版，2018 年 8 月第 2 次印刷
169mm×239mm；8.25 印张；144 千字；124 页
**53.00 元**

冶金工业出版社 投稿电话 (010)64027932 投稿信箱 tougao@cnmip.com.cn
冶金工业出版社营销中心 电话 (010)64044283 传真 (010)64027893
冶金书店 地址 北京市东四西大街 46 号(100010) 电话 (010)65289081(兼传真)
冶金工业出版社天猫旗舰店 yjgycbs.tmall.com

（本书如有印装质量问题，本社营销中心负责退换）

# 前　言

难熔超硬耐高温硼化物作为硼化物家族中的重要一员，特点是难熔超硬高温、抗氧化性强、耐腐蚀性好、抗热震性强、导热性好、导电性好，广泛用于火箭、喷气飞机的喷口、复合装甲、钢水水平铸分离环、镀铝用蒸发舟、铝电解阴极衬板、集成电路基片等众多领域，在航天、电力、电子、激光等民用和国防工业具有不可替代的作用。

多年来，编著者及参编人员在从事难熔超硬耐高温硼化物开发研究以及产业化过程中有目的地收集、整理了不少有关的文献资料并编写成本书，这些编著者都是一线科技工作者，其中包括这些品种的应用者。目前国内尚没有这方面的专著，我们愿意填补这个空白。

基于这类硼化物品种较多，本书重点介绍三个品种，即硼化钙（$CaB_6$）、硼化钛（$TiB_2$）和硼化锆（$ZrB_2$），除了介绍它们的基本粉末产品外还介绍了它们的深加工产品——它们的复合材料硼化物金属陶瓷的发展现状、合成工艺以及各领域应用。本书主要内容包括：难熔超硬耐高温硼化物通论（品种、现状与发展、合成工艺）；硼化钙、硼化钛及硼化锆特性合成工艺及应用；复合材料（金属陶瓷、原材料预加工）难熔超硬耐高温硼化物应用；工业规模试验及产品产业化；市场前景展望。

在这里我们特别向提供宝贵资料的丹东化工研究所有限责任公司总经理、全国硼化物专家组成员倪坤表示深深的谢意！同时，也向书中引用的参考文献的作者们表示诚恳的谢意，如山东大学的闵光辉、杨丽霞、郑树起，东华大学的王丽，武汉工业大学的方舟等。

　　本书由尹嘉琦、孟庆潇、籍延广、郭俐聪、郑学家编著，参编人员有郑吉岩、毕颖、王海林等。本书特请全国硼化物协作组原理事长、原硼化物专家组副组长、辽宁石化信息中心主任、教授级高工张吉昌担任审稿人。

　　本书可能存在许多不足之处，请广大读者批评指正。

郑学家

于大连小平岛

2017 年 3 月

# 目 录

# 难熔超硬耐高温硼化物材料通论

## 1.1 概述

难熔硼化物材料作为无机金属材料家族中的重要一员，特点是耐高温、抗氧化性强、耐腐蚀性好、抗热震性强、导热性好、导电性好，广泛用于火箭、喷气飞机的喷口、复合装甲、防弹衣、钢水水平连铸分离环、镀铝用蒸发舟、铝电解阴极衬板、集成电路基片等众多领域，在航天、核能、电力、电子、激光等民用和国防部门具有不可替代的作用。

## 1.2 品种

难熔超硬耐高温硼化物是一个大家族，其中包括硼化钛（$TiB$、$TiB_2$、$TiB_3$、$TiB_4$）、二硼化锆（$ZrB_2$）、六硼化钙（$CaB_6$）、磷化硼（$BP$）、硅化硼（$B_3Si$、$B_6Si$）、硼化钼（$Mo_2B$）、硼化钒、硼化铌、硼化铀（$UB_x$）、硼化钨（$W_2B$、$W_5B_2$、$W_2B_5$）、硼化钡（$BaB_6$）、硼化铬（$Cr_4B$、$Cr_2B$、$Cr_5B_3$、$CrB_2$、$CrB$、$Cr_3B_2$、$Cr_3B_4$），这些难熔硼化物不仅属于超硬材料，而且还耐高温。

本书仅介绍以上品种，而碳化硼、氮化硼虽也属于这一类硼化物，但由于国内有的专著已有介绍，因而不在其中。

硼铬化物包括：$Cr_4B$、$Cr_2B$、$Cr_5B_3$、$CrB_2$、$CrB$、$Cr_3B_2$、$Cr_3B_4$。在硼铬化物中，$CrB$、$Cr_2B$、$CrB_2$、$Cr_3B_2$、$Cr_3B_4$五种相同时存在。硼铬化物在$HF$、$HCl$、$HNO_3$、$H_2SO_4$及强碱溶液中稳定。$CrB_2$具有优良的抗氧化特性，这是因为在高温下$CrB_2$表面形成一层玻璃相——$B_2O_3$，阻止了氧化的进行。$CrB_2$是制造火箭喷嘴的理想材料。但$CrB_2$的抗热冲击性不如$TiB_2$。硼铬化物良好的导电性及与所有强酸强碱皆不反应的化学稳定性，使其在化工领域具有广泛的应用前景。硼铬化物的典型性能：理论密度 5.6g/cm³，熔点 2670℃，平均粒径 0.5μm，热导率 0.21W/(cm·℃)，线膨胀系数 4.6×10⁻⁶/℃。

难熔硼化物及其陶瓷材料还有很多其他种类，如 $ZrB_2/Al_2O_3$、$CrB$ 类/

$Al_2O_3$、$TiB_2/MgO$、$ZrB_2/MgO$。另外还有多成分金属陶瓷复合材料，如 $TiB_2/$ $Al_2O_3/Fe$、$TiB_2/Al_2O_3/Ni$、$TiB_2/Al_2O_3/Ni-Cr$、$TiB_2/Al_2O_3/Fe-Cr$、$TiB_2/$ $Al_2O_3/Ni-Al$、$TiB_2/Al_2O_3/Al-Mg$、$ZrB_2/Al_2O_3/Fe$、$ZrB_2/Al_2O_3/Ni$、$ZrB_2/$ $Al_2O_3/Cr$、$ZrB_2/Al_2O_3/Ni-Cr$、$ZrB_2/Al_2O_3/Fe-Cr$、$ZrB_2/Al_2O_3/Ni-Al$、 $ZrB_2/Al_2O_3/Al$、$ZrB_2/Al_2O_3/Al-Mg$、$CrB_2/Al_2O_3/Ni$、$CrB_2/Al_2O_3/Cr$、$CrB_2/$ $Al_2O_3/Ni-Cr$、$CrB_2/Al_2O_3/Ni-Al$、$TiB_2/Al$、$TiB_2/Cu$、$ZrB_2/Al$、$ZrB_2/Cu$ 等， 这些陶瓷制品每种都具有其独特的性质和用途，很有开发价值。

## 1.3 合成工艺总论

### 1.3.1 难熔硼化物粉末的主要合成工艺

#### 1.3.1.1 金属和硼在惰性气体或真空中熔融合成

金属和硼在惰性气体或真空中熔融合成反应式为：

$$xMe+yB \text{——} Me_xB_y$$

这种方法合成的粉末一般纯度较高，但是因为原料比较昂贵，所以无法得到很好的应用。

#### 1.3.1.2 碳或镁还原法

金属氧化物、氧化硼与碳镁反应生成所需产品：

$$2MeO+B_2O_3+5C \text{——} 2MeB+5CO$$

$$2MeO+B_2O_3+5Mg \text{——} 2MeB+5MgO$$

采用电弧炉作为合成设备时，由于电弧温度高、炉区温差大，在中心区部位温度（2473~2773℃）可能会超过一些硼化物的熔点，使其发生包晶分解，析出游离碳和其他高硼化合物；而远离中心区温度偏低，反应不完全，残留有硼酐和碳以及以游离态形式存在的硼和碳，所以电弧炉中制得的硼化物一般含有较高的硼和碳。碳管炉作为合成设备时，反应在保护气氛下进行，获得的碳化硼其游离碳和硼含量较低，制得的硼化物一般纯度比较高。

#### 1.3.1.3 电解含有金属氧化物和 $B_2O_3$ 的熔融盐浴

这种方法制备得到的产物纯度不高，高温下 $B_2O_3$ 容易汽化，更因为两者熔解都需要较高的温度，所以会消耗大量的能量，还要防止它们在此过程中会烧结，而且此方法比较容易引入杂质。

#### 1.3.1.4 SHS（自蔓延高温合成）法

传统的 SHS 方法利用以下反应：

$$2MeO_2+B_2O_3+7Al(Mg) \text{——} 2MeB+7Al(Mg)O$$

使用这种方法已成功地制备了多种高纯度的硼化物陶瓷粉末，其工艺特点是：

（1）无需外界能源，节能，对环境不产生污染；

（2）合成速度极快，生产效率高，适合于工业化规模生产；

（3）粉末粒度细，比表面积大，活性高，无碳污染；

（4）工艺流程短，易于工艺管理；

（5）产品质量高，成本低。

此方法理论上对产物酸洗可以得到纯度很好的硼化物粉末，但在某些硼化物的合成过程中，残留在产物中的金属氧化物不容易除去，影响纯度。

### 1.3.1.5　激光诱导化学气相沉积法

激光诱导化学气相沉积法（LICVD）是利用反应气体分子对特定波长激光束的吸收而产生热分解或化学反应，经成核生长形成超细粉末。LICVD 法通常采用高能 $CO_2$ 激光器，其具有以下优点：

（1）由于反应器壁是冷的，因此无潜在的污染；

（2）原料气体分子直接或间接吸收激光光子能量后迅速进行反应；

（3）反应具有选择性；

（4）可精确控制反应区条件；

（5）激光能量高度集中，反应与周围环境之间的温度梯度大，有利于成核粒子快速凝结；

（6）反应中心区域与反应器之间被原料气体隔离，污染小，可制得高纯度的纳米粉末。

在合成工艺上，由于它们的熔点较高，难熔金属硼化物最宜采用热压的方法制成致密的部件。硼化物粉末的制备方法有：碳热或铝热法还原金属氧化物与氧化硼的混合物，金属氧化物和氧化硼混合物的熔盐电解，以及将金属粉末和硼粉末的混合物在惰性气氛或真空中于高温下加热。

## 1.3.2　难熔金属硼化物的基本工艺制法

金属硼化物的基本工艺制法可归纳如下：

（1）金属和硼直接化合；

（2）金属热还原耐火金属氧化物和硼石膏的混合物；

（3）碳还原法；

（4）硼还原金属氧化物；

（5）碳化硼中的碳还原金属氧化物；

（6）电解需熔化了的介质；

（7）硼化物从气态相位沉淀。

坎伯尔将金属硼化物的制备方法归纳如下：

（1）熔融电解法；

（2）元素直接合成法；

（3）氢还原卤化硼法；

（4）热分解硼氢化物；

（5）硼化法。

其中几种方法具体介绍如下。

### 1.3.2.1　熔融电解法

熔融电解法特别适合于直接从天然生产的原料大量生产纯度比较高的硼化物粉末，而不需要先制成金属粉与硼粉。此法所用的电流效率很低，但粉末比较细，100%能通过35~40目的筛子。用熔融电解法得到的粒度分布范围较广，使产品非常适用于热压或粉末冶金工艺，电流效率为5.7%，但在电解池继续操作时降低。

熔融电解法电解液组成及其他有关数据见表1-1。

**表1-1　熔融电解法电解液组成及其他有关数据**

| 电解液组成 | 温度/℃ | 电压/V | 电流/A | 时间/h | 产品 |
|---|---|---|---|---|---|
| $CaO+CaF_2+2B_2O_3$（或 $CaB_4O_7+CaF_2$） | 1000 | 6~7 | 20 | — | $CaB_3$+少量 B |
| $CaO+2CaCl_2+2B_2O_3$ | 1000 | — | — | — | $CaB_6+B$ |
| $CaO+(8~12)\ CaCl_2+2B_2O_3$ | 1000 | — | — | — | $CaB_6$ |
| $MgO+MgF_2+2B_2O_3+1/2TiO_2$ | 1000 | 7 | 20 | — | $TiB_2$ |
| $2CaO+CaF_2+2B_2O_3+1/4TiO_2$ | 1000 | — | — | — | $TiB_2$ |
| $CaO+CaF_2+2B_2O_3+ZrO_2$ | 1000 | — | — | — | $ZrB_2$(99.6%) |
| $MgO+MgF_2+2B_2O_3+1/nThO_2$ | 1000 | — | — | — | $ThB_5$ |
| $MgO+MgF_2+2B_2O_3+1/8ZrO_2$ | 1000 | 8 | 20 | — | $CeB_3$ |
| $MgO+MgF_2+2B_2O_3+(CeO_2+ThO_2)$ | 1000 | — | — | — | $CeB_6+ThB_5$ |
| $Na_2O+NaF+2B_2O_3+(1/5+2/9)\ MoO_3$ | 1000 | 4~5 | 0.4 | 1 | $Mo_2B$ |
| $Na_2O+3B_2O_3+NaF+WO_3$ | 1000 | 7 | 20 | 1.25 | WB |
| $MgO+MgF_2+2B_2O_3+1/10U_3O_8$ | 1100 | 10 | 20 | 1.15 | $UB_4$ |
| $MgO+MgF_2+2B_2O_3+1/10U_3O_8$ | 1100 | 12 | 23 | 1.30 | $UB_4$ |
| $MgO+MgF_2+2B_2O_3+1/10U_3O_8$ | 1100 | 8 | 25 | 1.30 | $UB_4$ |
| $MgO+MgF_2+2B_2O_3+1/10U_3O_8$ | 1100 | 19 | 23 | 1 | $UB_4+UB_{19}$ |

从表 1-1 中可以看出，除了列在表中的硼化物以外，下列硼化物：$LaB_6$、$NdB_6$、$CdB_6$、$YB_6$、$ErB_6$、$VB_2$、$Cr_3B_2$、$MnB$、$Zr_3B_4$、$NbB_2$、$TaB_2$、$CrB$ 也曾用熔融电解法制备，电解池成分与表中列举的相仿。

有人认为用熔融电解法在石墨坩埚中制成这类硼化物，硼化锆和硼化钛除了用电解法制备外，也可依此方式制备。

用熔融电解法制得的最纯的硼化物是 $TiB_2$ 和 $ZrB_2$，杂质是石墨、电解池的粗成物及少量过量的金属或硼。硼化物中金属和硼的比率可由电解池中金属氧化物和氧化硼的比率来控制。用 $CaCl_2$ 及 $B_2O_3$ 还原淀积硼化钙时，如果 $CaCl_2/B_2O_3$ 的分子比率变化时，在淀积物中有过量的硼（分析总含量达 74%）。当比率在变化时得到的产品含 60%~62%B（$CaB_6$ 的理论硼含量是 61.8%）。当金属生成一种以上的硼化物时，各种硼化物的比例由金属氧化物与氧化硼的比率决定（看表 1-1 中的 $Mo_2B$、$MoB$、$UB_4$ 和 $UB_{12}$），并且不能得到完全不包含其他硼化物的产物。从含混合氧化物的熔池中淀积出的硼化物服从通常的化学平衡规律，每一种硼化物的淀积量与金属同氧的亲和力成反比，与熔池中金属离子的活度成正比，而与熔池中氧化物的浓度无关。

### 1.3.2.2 元素直接合成法

从元素粉末直接合成难熔硼化物能够得到成分和纯度控制得最好的硼化物，烧结时间和温度依硼化物的成分而定。有人曾在钼坩埚和氩气中制备硼化钼，温度为 1300~2050℃。还有人曾在石墨坩埚和氢气中制备硼化钼，温度为 1500~1700℃。用纯度为 99% 的钼粉和纯度为 83%~85% 的硼粉可以制得纯度为 96%~98% 的产物，大部分的杂质靠烧结时蒸发除去。

有人制取硼化钼和硼化钨的方法是：在抽真空的石英管中加热硼和金属的混合物，到 1200℃ 并保温 48h，或者在真空中将同样的混合物在氧化镁坩埚中在 1500~1600℃ 加热几分钟。硼化铬的制备是在真空感应炉中加热到 1600℃ 以上熔融铬和硼的混合物，或者将混合物的粉末在抽成真空的石英管中在 1150℃ 烧结 48~72h。在 1150℃ 烧结的时间增加到 20 天时，即能得到单晶体，原料是纯度为 99.4% 的电解铬和纯度为 98%~99% 的硼粉。这种硼粉是在石英管中用氢还原三溴化硼制得的，还原温度为 750~800℃。硼化锆的制备是将元素放在真空感应炉中熔化；硼化钽的制备是将混合的粉末在 1800~1900℃ 真空烧结 0.5h，或在抽真空的石英管中于 1150℃ 烧结 100~150h；硼化锰的制备是在 1100~1200℃ 烧结 48~72h，如果要得到单晶体则需保温 7~10 天。

直接在 2850℃ 下热压金属和硼粉的混合物，可以得到与热压硼化物粉末一样致密的硼化物部件。

致密的硼化物部件和硼化物涂层都能够通过在灼热的表面上还原或热分解卤化硼与金属卤化物的蒸气来制得，或者在灼热的金属表面上还原或者替代卤化硼，并且使硼扩散到金属基体中去，当然，后一种方法可能在金属硼系的基体上形成共晶。有些共晶的熔点低于纯硼化物或金属，从而降低了所得涂层的耐热性。

### 1.3.2.3 氢还原卤化硼法

在灼热的表面用氢还原三氯化硼和金属氯化物蒸气的混合物来淀积硼化物是最易实现的。这个方法首先由 Mcers 应用，最近为 Walther 和作者研究过。Walther 将金属片围绕着要涂的试样，金属片与卤化硼或卤化氢的反应产物作用，产生挥发性的金属卤化物，而它与卤化硼同时还原得到金属硼化物的淀积物。有人曾评论过直接淀积硼化物的早期工作。

表 1-2 为淀积硼化物最有利的条件，所用的氢气是通过加热的铜屑及用无水过氯酸镁或五氧化二磷来干燥的。金属氯化物是将金属氯化或将金属氧化物同碳的混合物氯化制得，并在惰性气氛或真空中蒸馏提纯。三溴化硼是将工业硼粉在 $700 \sim 800 \, ^\circ\text{C}$ 溴化或以三溴化铝（工业无水的）在工业三氟化硼的气流中蒸馏制得。无论哪一种方法的产品都要通过在水银或铜粉上分级蒸馏提纯。

表 1-2 几种难溶金属硼化物的气相淀积物

| 硼化物 | 试样温度/℃ | 所用的金属化合物 | 气化温度/℃ | 所用的金属化合物 | 气化温度/℃ |
|---|---|---|---|---|---|
| 铝 | 1000 | $AlCl_3$ | 155 | $BCl_3$ | −22 |
| 硅 | $1000 \sim 1300$ | $SiCl_4$ | 0 | $BCl_3$ | −22 |
| 钛 | $1100 \sim 1300$ | $TiCl_4$ | 20 | $BBr_3$ | +20 |
| 钛 | $1000 \sim 1300$ | $TiCl_4$ | 50 | $BCl_3$ | −22 |
| 锆 | $1700 \sim 2500$ | $ZiCl_4$ | $300 \sim 350$ | $BBr_3$ | +20 |
| 铪 | $1900 \sim 2700$ | $HfCl_4$ | $300 \sim 350$ | $BBr_3$ | −20 |
| 钒 | $900 \sim 1300$ | $VCl_4$ | 20 | $BBr_3$ | +20 |
| 钒 | $900 \sim 1300$ | $VCl_4$ | 75 | $BCl_3$ | −22 |
| 钽 | $1300 \sim 1700$ | $TaCl_5$ | $170 \sim 190$ | $BBr_3$ | −20 |
| 钨 | $1300 \sim 1700$ | $WCl_5$ | $250 \sim 350$ | $BBr_3$ | +20 |
| 钨 | $800 \sim 1200$ | $WCl_8$ | 235 | $BCl_3$ | −22 |

注：1. 精确的组成未测定。

2. 后边的数据过高，超过这些氯化物的沸点。

用混合的卤化物蒸气共同淀积有时会比较困难，除非卤化物是为同样的卤元素。例如用 $VCl_4$ 和 $BBr_3$ 的混合物在氩气中淀积硼化物时，由于这两种卤化物在室温即进行反应，因此只有使它们在淀积室接近试样的地方混合。即使如此，淀积物的产生也仅仅是瞬时的，并且立即停止。需要使试样冷却，然后再加热，引起另一次短暂的淀积反应。当用 $CCl_4$ 和 $BCl_3$ 的蒸气混合时，淀积在氢气中很快发生并且能继续进行。

### 1.3.2.4 热分解硼化物法

直接淀积铍、铝、钛、锆、铪、钍和铀的硼化物的另一个方法是热分解相应金属的硼氢化合物，但这方面并没有进行很多的研究。这些化合物是由金属的氯化物、溴化物或氟化物同硼氢化锂或硼氢化铝制成的。

铝、钛、锆、铪和铀的硼氢化物在室温下分解很慢。$Ti(BH_4)_3$ 是特别不稳定的，在室温下只需几天就完全分解。从这些化合物中淀积硼化物最好在低压力下进行。在大气压下用稳定的硼氢化合物淀积硼化物可以用非氧化性的气体载体，估计淀积的温度范围是 200～300℃。钍的硼氢化物在300℃分解成无定形的金属状淀积物，成分为 $Th_{1.00}B_{3.83}$，铀的硼氢化物在 150～200℃完全分解成金属状淀积物 $UB_4$ 或 （U+4B）。$Al(BH_4)_3$ 热分解生成一种混合物，其中含 $AlB_2$。

从硼氢化合物淀积来作为大量生产硼化物的方法是不合适的，因为大部分的硼氢化物在室温或较高的气化温度都有一定程度的分解；铝、铍、锆、铪的硼氢化物的处理是很危险的，它们在干燥的空气中剧烈燃烧；硼氢化物比金属氯化物不易制备；从 $Al(BH_4)_3$、$Ti(BH_4)_3$、$Zr(BH_4)_4$ 和 $Hf(BH_4)_4$ 制得的硼化物将含过量不结合的硼。

铌、钽、钼和钨的硼化物涂层用混合的卤化物还原来淀积是不合适的，因为在低于硼化物形成所需的温度时，游离金属的淀积非常快，我们不是得到含很多游离金属的不纯的硼化物淀积物，就是得到结合不牢的粉末淀积物。

### 1.3.2.5 硼化法

较好的方法是硼化法，该方法是用氢还原或热分解或取代硼的卤化物或其他挥发的硼的化合物在足够高的温度下淀积硼，从而硼像淀积一样快地扩散到金属基体中去；或者可以在低温依靠二硼氢或三甲烷硼的热分解来淀积自由硼，然后通过高温热处理使它扩散到金属基体中去。

在高于 800～900℃的温度用氢还原三氯化物，以及在600℃以上用氢还原三溴化物能够淀积硼。三氯化物和三溴化物的气化温度分别为 −25～0℃ 和 0～20℃，氢以外的试剂如水银蒸气、锡或铜粉都能够用来与从三溴化物中分解出的溴化合。

硼化法通常是在 900 ~ 2000℃ 之间进行的。各种金属的最高热处理温度是组元或由此形成的任何共晶混合物熔化的最低温度，各种金属的温度范围大致如下：铝是 560℃，镍和铬是 950 ~ 1000℃，铁是 1150 ~ 1200℃，钛和锆是 1600 ~ 1800℃，钨、钼、铌和钽是 2000 ~ 2200℃。

在硼化后的金属表面，淀积物的外层是结晶硼，下面有一层中间扩散层，其厚度随淀积温度的升高而增加。生成扩散层的温度是：铁 600 ~ 700℃，钛、锆、钼 1000℃，钽和钨 1500 ~ 1600℃。虽然曾经有过钽和钨在 1600℃ 以下不与硼起作用的记载，但初步发现在 1000℃ 时在钽和钨中即稍有扩散发生。使扩散层充满淀积物的温度对铁和镍是 800 ~ 900℃，钛和锆是 1300 ~ 1400℃，钼是 1500℃ 以上，钽和钨是 2000℃ 以上。

不同的条件下，人们对不同金属表面上的硼化物涂层的生成速率尚未进行广泛研究。硼的卤化物在几乎所有的金属上淀积硼，都是由两个过程发生的：

（1）由热分解或用氢还原卤化物；

（2）由基体金属取代卤化物的硼。

还原反应趋向于产生以下的结果：

（1）涂层试样的重量和尺寸增加；

（2）硼化物或金属富集的内层减薄，硼或硼富集的外层加厚，这在较低的淀积温度下特别明显，因为还原过程较硼扩散的过程发生得快（除了铁或镍等低熔点金属外）。

取代反应倾向于产生以下的结果：

（1）涂层试样的重量和尺寸减小；

（2）不生成硼的外层，全部淀积物是硼化物层，它的外层可能含硼较多，而内层含硼较少。

较高的试样温度增加由氢还原法、热分解法和取代法淀积的量决定，但是取代反应较还原反应增加得较多，这是因为增加温度显著增加固态扩散的速率。氢与硼的卤化物蒸气的比值高，有助于还原反应；淀积室气压低，有助于热分解反应。

氢与硼的卤化物的比值低及基体金属正电性增加对取代法生成涂层有利。铝、铁、钛、锆等由取代法得到的淀积物较钼、钨发生得快，它们较前面的金属更有负电性。硼在不同金属中扩散速率的差别可能掩盖取代趋势的效应。

另外还有一个硼化钛的合成路线是：采用富钛原矿、硼酐和炭黑为原材料，通过碳热还原法制备 $TiB_2$ 粉体。对合成 $TiB_2$ 粉体的反应体系进行热力学计算的结果表明，当温度高于 1612.8K 时，反应能顺利进行。

### 1.3.3 低成本硼化钛粉体的合成工艺新技术

东北大学的茹红强、岳新艳指出，二硼化钛是国家高新技术支持的一种新型陶瓷材料，国外发展迅速，国内正处于起步阶段，近年来引起了世界范围内的重视和关注。$TiB_2$ 具有导电、耐高温、耐熔融金属腐蚀等特别优异的性能，在熔融金属热电偶保护管、蒸发舟、电极等方面具有广泛的应用。$TiB_2$ 复合陶瓷在耐高温部件、复合电极材料以及抗腐蚀涂层材料许多方面都有广泛的应用市场，也是制作装甲防护装备最好的材料之一。$TiB_2$ 由于具有诸多优异的性能，所以能够被广泛地应用到许多领域。但是这种材料的制备非常困难，世界各国都在加紧研究开发生产优质廉价的 $TiB_2$ 粉末的方法。二硼化钛的制取方法有很多种，其中包括直接合成法、碳热还原法、金属还原法、熔盐电解法、熔剂法和气相沉积法等。本实验以富钛原矿和硼酐取代价格较贵的氧化钛与硼酸作为原料，富钛原矿和硼酐价格便宜且又易于得到，可以极大地降低硼化钛粉体的制备成本。

#### 1.3.3.1 实验过程

本实验以富钛原矿（$TiB_2$ 含量约为 75.1%，平均粒度为 13.7μm）、硼酐（$B_2O_3$ 含量约为 93.1%，平均粒度为 0.76μm）和炭黑（密度 2.1g/cm³，粒径 1~1.2mm）为原料制备 $TiB_2$ 粉体，各原料间发生如下反应：

$$TiO_2 + B_2O_3 + 5C \Longrightarrow TiB_2 + 5CO \uparrow$$

将原料按比例称量后经球磨混料并干燥后，采用真空烧结炉制备 $TiB_2$ 粉体。实验方案如下：

（1）依据上述反应方程式，配料时选择碳过量 2%、4%、6%、8%，在 1750℃烧结保温 30min，选出最优的碳含量。

（2）在最佳碳含量的基础上按硼酐过量 10%、20%、30%、40%来配制原料，分别在 1450℃、1550℃和 1650℃温度下烧结，研究硼酐含量和不同烧结温度对制备 $TiB_2$ 粉体的影响。

（3）在（1）和（2）的基础上，调整富钛原矿的量以优化原材料配方。所制得的 $TiB_2$ 粉体采用 X′Pert Pro MRD 衍射仪（XRD）测定物相组成，并用 SSX-550 型扫描电子显微镜（SEM）观察粉体的显微形貌。

#### 1.3.3.2 实验结果与分析

A 热力学计算

图 1-1 是通过热力学计算得到的合成 $TiB_2$ 粉体的反应方程式的 $\Delta G$ 随温

度变化的关系曲线。根据热力学计算的结果，合成 TiB₂ 粉体反应的起始温度约为 1612.8K(即 1339.7℃)，有资料表明，在该反应的起始温度下，仍然不能够提供反应的活化能，反应无法进行，即没有二硼化钛生成。

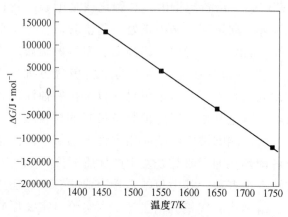

图 1-1　ΔG 与温度 T 的关系图

B　碳含量对合成 TiB₂ 粉体的影响

图 1-2 为不同碳含量的混合原料粉体经 1750℃ 保温 30min 后反应产物的 XRD 衍射图谱。其中（a）为碳过量 2%，（b）为碳过量 4%，（c）为碳过量 6%，（d）为碳过量 8%。由图 1-2 可以知道，衍射峰主要为 TiB₂ 和 TiC，这说明在 1750℃时富钛原矿和硼酐发生了如下反应：

$$TiO_2 + B_2O_3 + 5C \Longrightarrow TiB_2 + 5CO$$

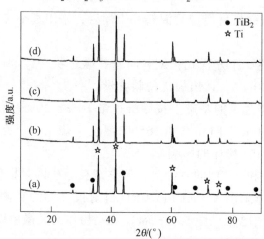

图 1-2　1750℃下不同碳含量反应产物的 XRD 衍射图
（a）碳过量 2%；（b）碳过量 4%；（c）碳过量 6%；（d）碳过量 8%

但是二硼化钛的衍射峰相对 TiC 的衍射峰较弱，由于烧结是在真空气氛下进行的，而氧化硼的熔点只有 450℃，所以在 1750℃烧结时，可能有大量的硼源的挥发损失，而富钛原矿和炭黑则是全部参加了反应。所以反应生成物的衍射峰主要是 TiC，而 TiB$_2$ 衍射峰强度较小。因此要想获得纯度较高的 TiB$_2$ 粉体，在烧结时需要降低反应的温度，并增加氧化硼的量。通过比较图 1-2 中的 4 条 XRD 衍射图谱可知，（b）和（d）中，TiB$_2$ 的衍射峰较强，进一步通过比较（b）和（d）的 XRD 物相分析的原始记录可知（d）曲线中除了 TiC、TiB$_2$ 外，还有一个小杂峰，故（b）的碳过量为 4%的原料配比所得产物的效果较好。通过对在 1750℃烧结的 4 种不同碳含量的反应产物的物相分析并参照氧化钛、氧化硼、碳的熔点可以知道，温度过高，容易造成氧化硼的流失，使氧化硼的含量降低，不利于二硼化钛的生成。并且在这 4 种不同配比的原料粉中，以碳过量 4%的原料粉烧结生成的 TiB$_2$ 最佳，故在下面的实验中配料时碳均过量 4%。

C　氧化硼含量对合成 TiB$_2$ 粉体的影响

图 1-3 是不同氧化硼含量的混合原料粉体经 1450℃保温 30min 后反应产物的 XRD 衍射图谱。其中（a）为氧化硼过量 10%，（b）为氧化硼过量 20%，（c）为氧化硼过量 30%，（d）为氧化硼过量 40%。通过分析比较 XRD 衍射图谱可知，图 1-3（b）中 TiB$_2$ 的衍射峰峰强最大，即氧化硼过量 20%为最佳的配料比。通过与图 1-2 的比较显示降低了 TiB$_2$ 的生成，且在一定的范围内，增加氧化硼的量也有利于 TiB$_2$ 粉体的生成。

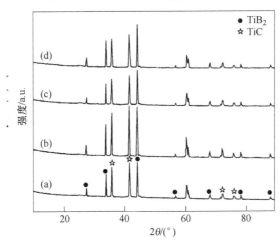

图 1-3　1450℃不同氧化硼含量的反应产物的 XRD 衍射图
（a）过量 10%；（b）过量 20%；（c）过量 30%；（d）过量 40%

D　不同烧结温度对合成 TiB₂ 粉体的影响

通过以上实验可以了解到，在 1450℃ 时氧化硼过量 20%、碳过量 4% 的配比是最佳的，接下来则需要验证一下，在其他的温度下按这样的配比烧结出来的粉体中有无 TiB₂ 粉的生成，纯度如何。图 1-4 为不同温度下反应产物的 XRD 衍射图谱，其中（a）为 1450℃，（b）为 1550℃，（c）为 1650℃。由图 1-4 可以知道，不同反应温度下 TiB₂ 的衍射峰强度相差不大，只有（a）所示 1450℃ 的衍射图谱中，TiB₂ 衍射峰的强度高于 TiC 的衍射峰强度，从低成本制备 TiB₂ 粉体的角度考虑，最佳的烧结工艺应为 1450℃ 下保温 30min，最佳的配料比为碳过量 4%、氧化硼过量 20%。然而从图 1-4 可以看出，TiC 衍射峰强度依然很强，接下来将采取措施将 TiC 的衍射峰强度降下来，以达到提高制备的 TiB₂ 粉体纯度的目的。

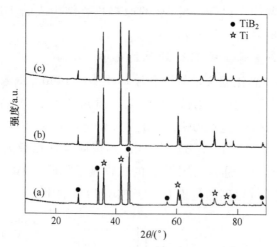

图 1-4　不同温度下反应产物的 XRD 衍射图谱
（a）1450℃；（b）1550℃；（C）1650℃

因此在接下来的实验中，可以在氧化硼过量 20%、碳过量 4% 的基础上调整富钛原矿的组分，来降低反应产物中 TiC 的比例。

E　富钛原矿含量对合成 TiB₂ 粉体的影响

对氧化硼过量 20%、碳过量 4% 的不同 TiO₂ 含量的粉体做 X 衍射分析获得的 XRD 衍射图谱如图 1-5 所示。图 1-5(a) 为 TiO₂ 含量为反应方程式计算量的 80%，(b) 为 TiO₂ 含量为反应方程式的计算量。由图 1-5(a) 可以看出，TiC 的衍射峰强度均降低很多，而 TiB₂ 的衍射峰强度也明显提高，说明降低富钛原矿的量抑制了 TiC 相的生成，有利于 TiB₂ 粉体的合成。此项研究工作还需进一步深入，以期在较低温度下获得低成本、高纯度的 TiB₂ 粉末。

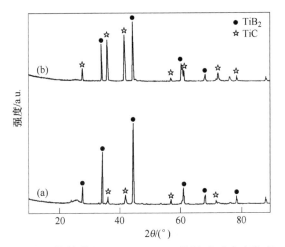

图 1-5　不同 $TiO_2$ 含量的粉体经 1450℃ 30min 保温后反应产物的 XRD 衍射图谱

（a）$TiO_2$ 含量为反应方程式计算量的 80%；（b）$TiO_2$ 含量为反应方程式的计算量

# 2 硼化钙、硼化钛及硼化锆
# 三个重点品种介绍

## 2.1 总论

山东大学材料科学与工程学院杨丽霞、闵光辉等指出：稀土、碱土金属硼化物具有高熔点、高强度和化学稳定性高的特点，其中许多还具有特殊的功能性，如低的电子功函数、比电阻恒定、在一定温度范围内热膨胀值为零、不同类型的磁序以及高的中子吸收系数等。这些优越性能决定其在现代技术各种器件组元中有着广泛的应用前景，许多国家相继开展了该类材料的研究。

## 2.2 硼化钙

硼化钙（$CaB_6$）具有上述优异性能是与其晶格结构密不可分的。$CaB_6$ 具有立方晶体结构（$a=0.4145nm$），其结构单元模型见图 2-1。体积小的硼原子形成三维的框架结构。硼原子之间以共价键连接导致其有高的熔点。同时，钙原子与周围的硼原子之间没有价键连接，钙原子被包围在硼原子的网络结构中，钙原子是自由的，所以具有一定的电导率和优异的防电磁辐射的性能。

$CaB_6$ 作为一种新型的半导体硼化物，也称为硼化物陶瓷。在常温下，可以有三种状态：粉末状、多晶体和单晶体。$CaB_6$ 不溶于盐酸、氢氟酸，但溶于硝酸、硫酸以及熔融碱中。$CaB_6$ 的基本物理性能参数见表 2-1。

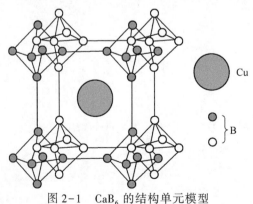

图 2-1　$CaB_6$ 的结构单元模型

表 2-1 $CaB_6$ 的基本物理性能参数

| 密度/g·cm$^{-3}$ | 熔点/K | 维氏硬度/GPa | 线膨胀系数/K$^{-1}$ | 导热系数/W·m$^{-1}$·K$^{-1}$ | 电导率/S |
| --- | --- | --- | --- | --- | --- |
| 2.45 | 2373 | 27 | $6.5\times10^6$ | 70 | $10\sim10^3$ |

## 2.2.1 $CaB_6$ 粉末的制取方法

（1）$CaB_6$ 粉末的制取方法主要有以下几种：

纯元素化学合成（直接合成法）。该方法为固相法，用金属钙和单质硼直接反应，适宜于制备高纯度的 $CaB_6$。但 Ca 易氧化，单质 B 价格昂贵，烧损严重，且 Ca 与 B 的高温蒸气压不同，所以该法对设备要求高，工艺控制难度大。通常采用反应时预先抽真空，然后通入惰性气体的方法以降低元素钙的挥发，可以获得高纯的 $CaB_6$。

（2）硼热还原法。将 CaO 和硼粉混合后，进行烘干处理，在 1600℃ 反应合成 $CaB_6$ 粉末，保温时间为 1h，其反应式为：

$$CaO+7B =\!=\!= CaB_6+BO(g)$$

用此方法可以制得较纯的 $CaB_6$。

（3）碳化硼法。将 $CaCO_3$、$B_4C$ 和活性炭粉按比例混合后压成直径为 20mm 的圆片，放入 BN 坩埚中，在真空碳管电阻炉中反应合成，其反应式为：

$$2CaCO_3+3B_4C+C =\!=\!= 2CaB_6+6CO(g)$$

该过程也是制备 $CaB_6$ 粉末的固相反应过程，其间要经过 $Ca_3B_2O_6$、$CaB_2C_2$ 等过渡相的生成。$CaB_6$ 合成的最佳工艺条件是在 1673K、101Pa 的真空下，保温 2.5h。利用此方法合成的 $CaB_6$ 粉末整体形貌与原材料 $B_4C$ 的相似，具有硬团聚现象，使 $CaB_6$ 粉末的烧结有一定的难度。

（4）碳热还原法。此反应发生在熔融相中，需要较多的临界条件，可以考虑用比较便宜的硼酸作原料以降低成本。其反应式为：

$$CaO+3B_2O_3+10C =\!=\!= CaB_6+10CO(g)$$

$$CaCO_3+3B_2O_3+11C =\!=\!= CaB_6+12CO(g)$$

（5）$Ca(OH)_2$ 和无定型硼的化学合成法。$CaB_6$ 也可以通过在真空中 1700℃ 下加热 $Ca(OH)_2$ 和无定型硼的混合物而化学合成，其反应式为：

$$Ca(OH)_2+7B =\!=\!= CaB_6+BO(g)+H_2O(g)$$

得到的 $CaB_6$ 的相对密度为 40%，很容易用研钵将其磨碎成 60 目以下。

（6）电解法。电解法制 $CaB_6$ 可用以下三种熔融盐浴：

1) $CaCl_2$-$CaB_4O_7$；

2) $CaCl_2$-$CaF_2$-$CaB_4O_7$；

3) $CaCl_2$-$CaF_2$-$CaB_4O_7$-$B_2O_3$。

在盐浴（1）和盐浴（2）中，只有当 $CaCl_2$ 与 $CaB_4O_7$ 的摩尔比为 10∶1 时才能获得 $CaB_6$，而盐浴（3）中无论其摩尔比为多少都能沉积得到 $CaB_6$。

（7）硼酸钙法。在 C 粉存在（或有含碳物质存在）的前提下，1400～1600℃锻烧硼酸钙，使硼还原，产物再精炼而得。

（8）酐法。$B_2O_3$ 与 CaC 或 CaO 混合后，在金属 Al 或 $CaAl_2$ 存在时，经高温反应合成，再通过精制（粉碎、酸浸、分离除渣等），即制得纯品。

高纯 $CaB_6$ 粉末是制备 $CaB_6$ 多晶体、单晶体及复合材料的基础，是推广其应用的前提。以上制备粉末的方法各有优缺点，目前常用的是碳化硼法。元素直接合成法获得的粉末纯度最高，但由于单质 B 的价格较贵，不适于大规模工业生产。采用碳化硼法制备的 $CaB_6$ 粉末的纯度不如直接合成的高，但 $B_4C$ 的价格较纯硼低得多，适于工业大规模生产。由于在常温下碱土金属的碳酸盐要比其氧化物稳定，多采用 $CaCO_3$ 代替 CaO。

## 2.2.2　$CaB_6$ 多晶体的制取方法

### 2.2.2.1　无压烧结

将适量的 $CaB_6$ 粉末与黏结剂混合均匀，在液压机上用单轴压力压制成圆柱状坯料，置于烧结炉中在一定的温度下进行无压烧结。此工艺相对热压烧结来说较为简单，但是由于 $CaB_6$ 的成型能力差，冷压时不易成型，烧结的 $CaB_6$ 多晶体致密度和强度都很低。因此，模具的设计、冷压工艺的确定、黏结剂和烧结助剂的选择对于提高 $CaB_6$ 无压烧结性能具有重要的意义。

### 2.2.2.2　热压烧结

六硼化钙在高温下具有高的化学活性和低的塑性，使其致密化过程有着很大的工艺难度。Dutta 对 $CaB_6$ 热压烧结的研究认为：1600℃左右、41.4MPa 压力下，就可以获得接近理论密度的 $CaB_6$ 烧结体。Paderno 等研究了 $CaB_6$ 在高压（3～5GPa）和高温条件下的行为及加压工艺对所获材料的结构和断裂性质的影响，发现在 1600℃合成材料断口性质复杂，这种材料具有最高的强度指标，烧结块致密，而在常压下合成强度较大的 $CaB_6$ 烧结块的温度却需 2100℃。

### 2.2.2.3　热压反应烧结

热压反应烧结是在一定温度下，反应产物之间发生化学反应，同时进行规定化学组分的合成和致密化的工艺。将 4.6g 平均粒径为 2.2μm 的氧化钙和 5.4g 平均粒径小于 1μm 的无定型硼混合后，球磨 12h 放入模具中在真空热压烧结室中反应热压烧结。升温速率为 8~10℃/min，升至 1500℃后，保温 30min 以便使反应能够完全进行，然后施加 38MPa 的单轴压力进行热压烧结，保温保压 90min 后，停止加热，待炉冷后取出试样。

同无压烧结和热压烧结相比，热压反应烧结温度较低，高温性能稳定。从经济学角度考虑，低的操作温度可以延长真空烧结设备的寿命，避免某些结构和保温部件的损坏。用此方法可以在较低的温度下得到 $CaB_6$ 多晶体，这是因为：在烧结过程中，当 CaO 和无定型硼发生化学反应时，反应烧结即发生，同时按一定的比例合成了 $CaB_6$ 并进行致密化。由于原位合成的速率远远大于最终产物 $CaB_6$ 的自扩散速率，促进了多晶体生长的进行。另外，$CaB_6$ 合成反应过程中释放的热量也是热压反应烧结的一个动力。表 2-2 列出了 1000~1500℃下热压烧结和热压反应烧结得到的 $CaB_6$ 烧结体的相对密度。

表 2-2 一般热压烧结和热压反应烧结得到的 $CaB_6$ 烧结体的相对密度

| 温度/℃ | 相对密度/% | |
| --- | --- | --- |
| | 热压烧结 | 热压反应烧结 |
| 1000 | 70~75 | 85~90 |
| 1200 | 80~84 | 94~96 |
| 1400 | 88~90 | 96~98 |
| 1500 | 94~95 | 99~100 |

### 2.2.3 $CaB_6$ 单晶体的制取方法

#### 2.2.3.1 区熔法

区熔法适合制备大块难熔的晶体，加热方法通常有射频加热、感应加热及电弧加热等。感应加热区熔不需用坩埚，无污染问题。所用原材料的预制棒允许有孔洞，通过调整频率，可以从内部开始加热，温度均匀。产品杂质含量依提纯次数及速度而不同，一般是棒的中间最纯，两端杂质较多。电弧加热区熔所用原材料的预制棒大多是烧结体，不是很致密，导致外部与中心有温差，只适用做直径为 2~3mm 的试样。

在通过射频加热区熔法制备 $CaB_6$ 单晶时，由于大块晶体 $CaB_6$ 的蒸气压较高，因此要在高的生长率下制备 $CaB_6$。工作线圈是三圈两级的，内部直径为 1.7cm，氦气压力为 0.7MPa，下面的轴的下降速率是 30cm/h，上面的轴的供料速率是 80cm/h，比下降速率高 2.6 倍是为了补偿挥发损失。生长晶体时转速为 6r/min，几分钟就可以得到直径为 1cm、长 3cm 的晶体。

### 2.2.3.2　熔剂法

熔剂法也是制备 $CaB_6$ 单晶的基本方法，原材料 $CaB_6$ 是利用硼热还原法制备的，纯度为 99%，金属铝的纯度大于 99.99%，钙金属的纯度大于 99.99%。其过程如下：将含摩尔分数为 0.8%~0.9% $CaB_6$ 的铝或铝和钙金属的合金放在一个氧化铝坩埚（$Al_2O_3$ 纯度为 99%）中，在 Ar 气气氛下不断搅拌加热到 1500℃，保温 30min 后再进行控制冷却，待室温后将 Al 锭放入 30% 的 HCl 中溶解，即得到 $CaB_6$ 晶体。表 2-3 给出熔剂法生长 $CaB_6$ 晶体的熔剂成分及生成晶体的长度。

该材料的很多物理性能的测试需要较大的尺寸，使用熔剂法制备的 $CaB_6$ 的尺寸较小（5mm），所以用此法得到的 $CaB_6$ 对于测定其性能有一定的局限性。

**表 2-3　不同熔剂成分生长 $CaB_6$ 晶体的长度**

| 熔质成分 | 熔剂成分 | 晶体长度/mm |
| --- | --- | --- |
| $CaB_6$(0.87%) | Al(99.13%) | 5[①] |
| $CaB_6$(0.86%) | Al(98.71%)+Ca(0.43%) | 5 |
| $CaB_6$(0.83%) | Al(95.00%)+Ca(4.17%) | 5 |

①$AlB_2$ 与 $CaB_6$ 同时生成。

## 2.2.4　$CaB_6$ 的应用与粉体制取

### 2.2.4.1　$CaB_6$ 的应用

#### A　作为冶金工业中的脱氧剂

目前硼化钙粉体最为成熟的用途是作为冶金工业中的脱氧剂。以往铜合金的冶炼工程中普遍应用磷作为脱氧剂。用磷作为铜合金的脱氧剂，其特点是脱氧速度快，脱氧效果好，但磷有毒，且微量的残余磷将降低铜合金的电导率，不适合电工器材用高电导率铜材的要求。在 20 世纪 70 年代德国就开始对六硼化钙脱氧性能进行了研究，发现六硼化钙能够除去 Cu 中的氧，而微量 B 残留在 Cu 中，可以提高材料强度而不降低其导电性。

六硼化钙与铜液中的氧化亚铜反应迅速而激烈，脱氧反应方程为：

$$CaB_6+10Cu_2O = CaO+3B_2O_3+20Cu$$

$$B_2O_3+2Cu_2O = 2Cu_2O \cdot B_2O_3$$

脱氧产物为 $2Cu_2O \cdot B_2O_3$ 和 CaO，形成大量熔渣。$2Cu_2O \cdot B_2O_3$，对铜液无污染，对铜液中的有害杂质有润湿和吸附作用，易于上浮和去除；CaO 对铜液虽有不良影响，但很少残留。国内的研究也发现该材料具有良好的脱氧效果，是一种很有发展前景的脱氧剂。

**B 提高抗氧化和抗热震性的添加剂**

近年来含碳耐火材料在冶炼过程中的应用正在逐渐增加，提高含碳材料的高温耐氧化性能一直是提高含碳耐火材料使用寿命的重要研究方向。目前改善含碳耐火材料的主要研究方向是向其中添加含硼添加剂，常见的含硼添加剂有 $B_4C$、$CaB_6$、$ZrB_2$、$TiB_2$、$AlB_2$ 及 $Al_3B_4C_7$ 等。$CaB_6$ 加入到耐火材料中，高温下可以产生硼酸盐结构而起到致密化的作用，从而防止碳的氧化。当含硼材料和金属添加剂共同加入到含碳耐火材料中时，由于硼与金属的协调作用，不仅提高了含碳材料的抗氧化性，而且也能改善抗侵蚀性和高温强度。

同时由于 $CaB_6$ 的导热系数大、线膨胀系数小，所以加入 $CaB_6$ 还可以减少材料的热变形，提高抗热震性能，延长使用寿命。

**C $CaB_6$ 作为特种陶瓷和特陶添加剂方面的应用**

$CaB_6$ 可以作为添加剂用于某些硼化物、碳化物陶瓷的烧结过程，这样可以改善陶瓷的各项物理、化学性能。例如：以超细 $TiB_2$ 为基体，加入 $CaB_6$ 作为第二相进行烧结，试验表明 $CaB_6$ 的加入提高了 $TiB_2$ 的烧结性能，影响 $TiB_2$ 的晶粒尺寸。热压后，由于 Ca 的溶解而阻止了晶粒的生长，使这类材料具有极高的显微硬度和弯曲强度。

**D 用于制备其他硼化物**

$CaB_6$ 可以用来生产六方 BN，其反应方程式为：

$$3CaB_6 + B_2O_3 + 10N_2 = 20BN + 3CaO$$

此法适于大批量生产六方 BN。此外，$TiB_2$、$MgB_2$、$ZrB_2$、$HfB_2$ 等含硼材料，也都可以用 $CaB_6$ 做原材料来制备。同时作为冶炼高纯度硼合金（Ni-B、Co-B、Cu-B 等）的增硼剂，$CaB_6$ 也被广泛地使用。

**E 在国防军工和原子能工业中的应用**

在核反应堆中的控制棒采用含硼材料作为强中子吸收材料，因此 $CaB_6$ 在核工业中的应用日益受到重视。美国曾对 $CaB_6$ 及其复合材料在中子吸收方面做过工作，但均未公开发表。瑞士研究了 $CaB_6$ 的电子传送、热电性[11]B 的核磁共振、点缺陷及铁磁性和 $CaB_6$ 的低温热电性。$CaB_6$ 在核工业中的应用有重要意义。

F　电子元件方面的应用

Ott 等发现掺杂微量镧的硼化钙具有极高的 Curie 温度（900K），在极高的温度下仍具有铁磁性，可以用作温度 900K 自旋电子组件所需的新型半导体材料，为自旋电子元件的发展开辟了新的途径。

2.2.4.2　$CaB_6$ 粉末的制备与工业化生产

$CaB_6$ 最早是由乌克兰发现的，20 世纪 60 年代世界上开始研究六硼化钙并有相关论文发表。目前 $CaB_6$ 的主要产品为 $CaB_6$ 粉末、多晶体、单晶体陶瓷和复合材料等系列产品。$CaB_6$ 的常见制备方法很多，按合成方式可以划分为：元素合成法、碳热还原法、金属热还原法和电解法。

A　元素合成法

元素合成法的特点是使用单质硼作为原料进行合成。含钙原料可以是单质钙、氧化钙、氢氧化钙、碳酸钙等。使用单质硼和单质钙进行反应直接合成 $CaB_6$ 时更容易得到纯度较高的 $CaB_6$，但缺点是原料价格高、设备要求高、工艺控制难度大。使用单质钙还原钙化合物时一般需要 1600～1700℃，真空或惰性气体保护，反应方程式为：

$$Ca+6B = CaB_6$$
$$CaO+7B = CaB_6+BO(g)$$
$$Ca(OH)_2+7B = CaB_6+BO(g) +H_2O(g)$$

B　碳热还原法

碳热还原法又可以分为以下几个分支：

（1）直接使用碳还原钙和硼的化合物，反应方程式为：

$$CaO+3B_2O_3+10C = CaB_6+10CO(g)$$
$$CaCO_3+3B_2O_3+11C = CaB_6+12CO(g)$$

（2）使用碳化硼代替氧化硼进行合成，反应方程式为：

$$2CaCO_3+3B_4C+C = 2CaB_6+6CO(g)$$

由于氧化硼的挥发性很高，容易影响产品质量，而碳化硼的稳定性较好，不易挥发，还可以在一定程度上降低反应温度，所以使用碳化硼为原料进行 $CaB_6$ 合成是一个重要的研究方向和产业化中的常用方式。

（3）在有碳素材料的环境下煅烧硼酸钙，使硼酸钙分级并进一步被碳还原生成 $CaB_6$。

C　金属热还原法

金属热还原法是以镁、铝等活泼金属或其与钙的合金为还原剂与氧化钙进行反应，反应结束后通过酸洗除去金属氧化物和其他中间产物，即可得到硼化钙。以镁为还原剂的反应方程式如下：

$$10Mg+CaO+3B_2O_3 == CaB_6+10MgO$$

反应过程中生成的 MgO 和 $Mg_3B_2O_6$ 等杂质都可以被盐酸溶解，所以反应后酸洗可以得到比较纯净的 $CaB_6$ 产品。

D　电解法

电解法制 $CaB_6$ 可用三种熔融盐浴：（1）$CaC_{12}\cdot CaB_4O_7$；（2）$CaCl_2\cdot CaF_2\cdot CaB_4O_7$；（3）$CaCl_2\cdot CaF_2\cdot CaB_2O_3$。在盐浴（1）和盐浴（2）中，只有当 $CaCl_2$ 与 $CaB_4O$ 的物质的量比为 10：1 时才能获得 $CaB_6$，而盐浴（3）中无论其摩尔比为多少都能沉积得到 $CaB_6$。

2.2.4.3　$CaB_6$ 粉末制取工艺路线评述

$CaB_6$ 粉末制备生产是 $CaB_6$ 应用的基础，以上制备粉末的方法各有优缺点，目前常用的还是碳热还原法中的碳化硼法。元素直接合成法虽然可以获得高纯度的粉末，但由于单质硼的价格较贵，不适于大规模工业生产。采用碳化硼法制备的 $CaB_6$ 粉末虽然不如直接合成的纯度高，但 $B_4C$ 的价格较纯硼低得多，适于大规模工业生产。而且通过控制合理的工艺参数所得的 $CaB_6$ 完全可以满足绝大多数 $CaB_6$ 应用领域的性能要求。

## 2.2.5　$CaB_6$ 陶瓷的研究现状

乌克兰是最早（20 世纪 60 年代）开始研究六硼化钙并对其粉末合成作了报道的国家，能生产 $CaB_6$ 粉末、多晶体、单晶体等系列产品。乌克兰还研究了 $CaB_6-TiB_2$、$CaB_6-ZrB_2$ 等复合材料，其中对前者的研究较多，如以 $TiB_2$ 作为强化相加入到 $CaB_6$ 中研究其高温高压烧结工艺，在 1500～2100℃ 加压 8GPa，保温保压 1～2min，$TiB_2$ 均匀地分散在基体中，基本上没有气孔。除了烧结工艺外，乌克兰还研究了 $CaB_6-TiB_2$ 复合材料无坩埚垂直区熔的定向结晶技术，如以超细 $TiB_2$ 为基体，加入 $CaB_6$ 作为第二相，主要研究了该材料的氧化行为和烧结行为。在烧结实验中，$CaB_6$ 的加入提高了 $TiB_2$ 的烧结性能，影响 $TiB_2$ 的晶粒尺寸。$0.9CaB_6-0.1TiB_2$（以质量计）热压后，由于 Ca 的溶解而阻止了晶粒的生长，使这类材料具有极高的显微硬度和弯曲强度。另外还有一些是对 $CaB_6$ 理论方面的研究，如利用 X 射线衍射法研究了其优异的结晶学特性，化学组成对 $CaB_6$ 的 X 射线反射强度的影响等。

日本在 20 世纪 70 年代就利用熔盐电解沉积成功地制备了 $CaB_6$ 粉末，分析了 $CaB_6$ 的电子结构，测量了单晶体的显微硬度。进入 90 年代，日本又开

始将 $CaB_6$ 应用于 MgO-C 砖中，对添加 $CaB_6$ 对 MgO-C 砖性能的影响进行了大量的研究。$CaB_6$ 添加金属 Al 或 Al-Mg 粉末后明显地增加了高温断裂模量而没有降低耐热冲击性，且耐腐蚀性能也得到提高。近几年来，日本在单晶体制备及应用上进展迅速，已成功采用高频感应加热区熔法制备 $CaB_6$ 单晶，克服了熔剂法制备 $CaB_6$ 的尺寸限制。同时，在高频感应加热区熔法制备 $LaB_6$ 中，稍添加 $CaB_6$ 来增加硼含量，发现供料棒中 $CaB_6$ 的质量分数达 6% 时，熔化区就达到合适的成分，可得到无杂质的单晶。最近日本又加强了其对 $CaB_6$ 陶瓷理论的研究，报道了 $CaB_6$ 的铁磁性、晶格畸变及 GW 准粒子的能带结构。

美国、德国和瑞士也先后对 $CaB_6$ 材料进行了研究。美国于 20 世纪 70 年代就研究了 $CaB_6$ 的粉末合成和热压烧结工艺。近年来美国研究了 $CaB_6$ 烧结体的高温氧化性能及在低密度自由电子气中的高温弱铁磁性。德国对 $CaB_6$ 的研究比较注重其实用性，主要集中于 $CaB_6$ 在脱氧和抗氧化方面的应用。瑞士研究了 $CaB_6$ 的电子传送、热电性、$^{11}B$ 的核磁共振、点缺陷及铁磁性和 $CaB_6$ 的低温热电性，它在核工业中的应用是有重要意义。这些研究对 $CaB_6$ 的应用起到了一定的拓展作用。

近年来，我国鞍山热能研究院曾研究过 $CaB_6$ 用作铜的脱氧剂，洛阳耐火材料研究院的叶方保等研究了含硼添加剂提高含碳耐火材料的抗氧化性的基本原理。山东大学材料科学与工程学院的实验室也开展了硼化物材料的研究，已经能够制备 $CaB_6$ 粉末和多晶材料。辽宁省化工研究院采用碳化硼工艺对 $CaB_6$ 合成工艺和中科院金属研究所合作，制备了批量产品，其技术在泰丰新素材（大连）有限公司实行了产业化，并对 $CaB_6$ 在防中子方面在中科院原子能研究所进行了应用试验，取得了应用效果。

每吨硼化钙消耗定额：钙化物 1t，碳酸盐 1t，活化剂 0.3t。硼化钙产品质量规格（企业标准）：Ca 含量 ≥30%，B 含量 ≤50%，C 含量 ≤8%，粒度小于 5μm 粉末。

随着陶瓷制备技术及先进的实验方法、检测手段的发展，$CaB_6$ 陶瓷的研究和应用也得到了飞快的发展。目前 $CaB_6$ 粉末和多晶的制备技术日渐成熟，单晶的制备已成为发展的趋势。为此必须加快研究步伐，推广 $CaB_6$ 的应用。与此同时，应该加强对含 $CaB_6$ 的复合材料的研究，开发新材料，找到 $CaB_6$ 新的应用领域，并最终推动陶瓷工业向前发展。

$CaB_6$ 作为一种新型的半导体硼化物，也称为硼化物陶瓷，在常温下，可以有三种状态：粉末状、多晶体和单晶体。

粉末工艺合成方法如下：

（1）三氧化二硼和碳化钙的混合物经高温反应制得。粗品用稀酸处理，再用热水洗涤精制。

（2）由偏硼酸钙和钙在减压下高温反应制得。粗品用稀酸处理，再用热水洗涤精制。

（3）由氯化钙或氟化钙和元素硼经高温反应制得。粗品用稀酸处理，再用热水洗涤精制。

（4）在高温 1400~1600℃ 下用含碳物质煅烧还原硼酸钙，然后将烧块浸取制得。

（5）将金属铝、三氧化二硼和氧化钙按一定比例装入坩埚加热，反应后打碎，用盐酸浸几次，除渣制得。

（6）800℃ 下用铝化钙（CaAl）还原三氧化二硼制得。

（7）将金属钙和元素硼混合加热制得。

（8）将氧化钙、三氧化二硼、碱金属或碱土金属之氟化物溶液进行电解制得。

（9）将氧化钙、氧化硼和氯化钙的混合物进行电解制得。

## 2.2.6　$CaB_6$ 的反应合成评述

山东大学材料科学与工程学院郑树起等研究利用 $CaCO_3$、$B_4C$ 粉和活性炭粉制备 $CaB_6$ 粉末的反应合成工艺。

碱土，如钙（Ca）金属硼化物属无氧型化合物，具有高熔点、高强度和化学稳定性高的特点，其中许多还具有特殊的功能性，如低的电子功函数、比电阻恒定、在一定温度范围内热膨胀值为零、不同类型的磁序以及高的中子吸收系数等。这些优越性能决定其在现代技术各种器件组元中有着广泛的应用前景。许多国家相继开展了该类材料的研究，其中 $CaB_6$ 及其复合材料在防高能中子辐射方面的特殊性能使其在核工业中获得了特殊应用，已引起各方重视。此外，$B_4C$-$CaB_6$ 复合材料具有高硬度、高耐磨性，可用于磨料、工具和结构陶瓷材料；国外有人研究了 $CaB_6$ 及 $TiB_2$-$CaB_6$ 复合材料的氧化性行为，为开展其在抗氧化材料中的应用奠定了基础；Y. B. Paderno 等人研究了 $CaB_6$ 及 $CaB_6$-$TiB_2$ 复合材料的制备及其电子发射性能。但较为系统地介绍 $CaB_6$ 粉末合成的文章很少，本书研究以 $CaCO_3$、$B_4C$ 和活性炭粉为原材料，反应合成 $CaB_6$ 粉的工艺，以及不同温度和保温时间对 $CaB_6$ 粉末合成的影响，探讨 $CaB_6$ 粉末反应合成的最佳工艺，并对其形成机制进行简要介绍。

### 2.2.6.1　试验方法

试验用原材料为 $CaCO_3$、$B_4C$ 粉和活性炭粉，原材料粉末性能列于表 2-4 中。

**表 2-4　原材料粉末性能**

| 原料 | 尺寸/μm | 纯度/% | 杂质含量/% |
|---|---|---|---|
| $CaCO_3$ | 0.5 | 99.5 | Na0.20, Mg0.05, K0.01, Fe0.001, Pb0.002 |
| $B_4C$ | 2.5～3.5 | 97.0 | Si1.58, Fe0.22 |
| C | <0.5 | | Zn0.1, 0.15, Pb0.01, Fe0.10 |

将 $CaCO_3$、$B_4C$ 粉和活性炭粉按摩尔比 2:3:1 的比例混合，在立式快速磨中以玛瑙球为介质干混 1h，利用万能材料压力机将混合粉末压制成 $\phi25mm\times50mm$ 的小圆柱状坯料，将 8 片圆柱放入 BN 坩埚中，在真空电阻炉（型号 Fvphp-R-5 Fret-20，Japan）内反应合成。炉内压力为 $10^{-2}Pa$，加热速率为 25℃/min，并在不同温度下保温不同时间，待炉内温度冷却至 100℃以下时取出试样，研磨后分别用 X 射线衍射仪（XRD，型号 Rigaku. D/max-RB，Japan）和扫描电镜（SEM，型号 X-650EDAX-100，Japan）分析其相组成和形貌。

### 2.2.6.2　结果与讨论

为确定粉末的反应合成工艺，采用表 2-5 所示的不同的合成工艺参数。

**表 2-5　合成 $CaB_6$ 的基本工艺参数**

| 试样 | 保温时间/h | 反应温度/℃ |
|---|---|---|
| S1（原材料） | | |
| S2 | 2.5 | 800 |
| S3 | 2.5 | 1000 |
| S4 | 2.5 | 1200 |
| S5 | 6 | 1200 |
| S6 | 2.5 | 1400 |

图 2-2 为不同工艺条件下所得粉末的 XRD 图谱。从图 2-2 可知。经球混以后原材料的成分没有发生变化，只是没有反映出活性炭粉的衍射蜂。在 800℃时，粉末由 CaO、$B_4C$、$Ca_3B_2O_6$ 和 $CaB_2C_2$ 组成，$CaCO_3$ 的衍射峰完全消失，这表明在 800℃、保温 2.5h 情况下 CaO 分解完毕，取而代之的为 CaO 的衍射峰，并且 CaO 与 $B_4C$ 和 C 或 $CaCO_3$ 直接与 $B_4C$ 和 C 发生反应生成过

渡相 $Ca_3B_2O_6$ 和 $CaB_2C_2$；加热至 1000℃ 保温，从衍射峰来看，其主要相与 800℃ 所得结果相同，但出现极少量的 $CaB_6$，并且 $B_4C$、$CaO$ 的衍射峰降低，$Ca_3B_2O_6$ 的衍射峰增强，这表明 $CaB_6$ 在 1000℃ 的温度下可以生成；当加热至 1200℃ 且保温 2.5h 时，过渡相 $CaB_2C_2$ 消失，$CaO$、$Ca_3B_2O_6$、$B_4C$ 峰值减少，相应的 $CaB_6$ 峰强度增加，保温 6h，过渡相均消失，主要成分为 $CaB_6$，但仍有极少量的 $CaO$ 和 $B_4C$ 相，这表明在 1200℃ 保温 6h 时，仍不能完全获得单一相 $CaB_6$；在 1400℃ 保温 2.5h 后，只有 $CaB_6$ 的衍射峰，表明在 1400℃ 保温 2.5h 的条件下能获得单一相 $CaB_6$。从 $CaB_6$ 的整个生成过程可见，原材料、过渡相以及 $CaB_6$ 均为固相，利用 $CaCO_3$、$B_4C$ 粉和活性炭粉制备 $CaB_6$ 粉末是一个固相反应过程，在固相反应过程中原子的扩散往往起控制作用，因此此反应过程比较缓慢。

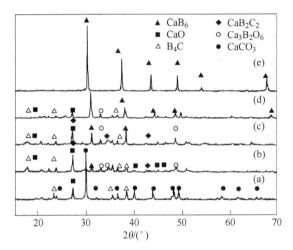

图 2-2　不同反应温度下保温 2.5h 所得粉末的 XRD 图谱
(a) 原料；(b) 800℃；(c) 1000℃；(d) 1200℃；(e) 1400℃

图 2-3 为不同条件下所得粉末的扫描电镜图谱。通过 XRD 分析，在 1200℃ 保温 2.5h，并未完全生成 $CaB_6$，仍有相当数量的过渡相。从图 2-3 (a)、(b) 可知，不论是在 1200℃ 还是在 1400℃，所得粉末均保持原材料 $B_4C$ 粉末形状，颗粒比较分散，没有烧结现象。对比 1200℃ 与 1400℃ 的粉末可以发现。最终的 $CaB_6$ 表面要比没有完全生成时粗糙，而且在 1400℃ 时 $CaB_6$ 有许多颗粒出现分层断裂现象，分层断裂的 $CaB_6$ 颗粒层面间相对比较光滑，见图 2-3 (c)。

分析认为，$CaCO_3$ 颗粒尺寸小于 0.5μm，经分解后颗粒相对于 25 ~ 35μm 的 $B_4C$ 颗粒来讲，$CaO$ 或 $CaCO_3$ 与 $B_4C$ 接触反应相当于一个球体与一

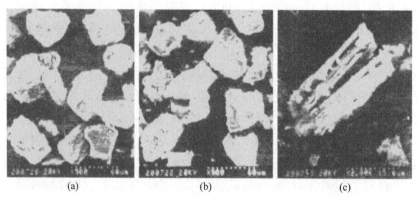

(a)　　　　　　　　　　(b)　　　　　　　　　　(c)

图 2-3　不同温度下粉末的 SEM 图谱

(a) 1200℃；(b)，(c) 1400℃

个平面之间的反应，反应从 CaO 或 CaCO$_3$ 与 B$_4$C 接触的颈部开始，随加热时间延长和加热温度提高，反应不断向里推进，而且表面反应生成的 CaB$_6$ 颗粒也不断长大。在整个反应过程中有气体放出，形成了团絮状结构，并且由于晶格类型发生变化而产生应力，当因晶格发生变化而产生的应力低于本身的承受能力时，颗粒保持原来形状，当应力达到承受极限时即出现分层断裂。

综上所述，B$_4$C 的形貌决定了 CaB$_6$ 的形貌，选用颗粒细小优质的 B$_4$C 粉末对改善 CaB$_6$ 粉末性能具有重要意义。

### 2.2.6.3　最后评论

CaCO$_3$ - B$_4$C - C 系反应合成 CaB$_6$ 粉末是一固相反应过程，需经过 Ca$_3$B$_2$O$_6$，CaB$_2$C$_2$ 等过渡相的形成过程，通过分析不同温度、不同保温时间对 CaB$_6$ 反应合成的影响，得出 CaB$_6$ 的最佳生成条件是：10$^{-2}$Pa 真空条件下，在 1400℃保温 2.5h，所获得的 CaB$_6$ 粉末颗粒与原材料 B$_4$C 的形状一致，CaB$_6$ 粉末表面改善可通过选用优质的 B$_4$C 来实现。

## 2.2.7　碳热还原 CaB$_6$ 粉体的工艺流程

东北大学的茹红强、岳新艳指出，六硼化钙（CaB$_6$）具有高熔点、高硬度、高强度、高化学稳定性和良好的电学特性，这些优越的性能决定了其在各种工业领域中有着广泛的应用前景，例如作为抗氧化及抗腐蚀材料的添加剂可提高耐火材料的抗氧化性以及用于铜合金的脱氧剂中。同时，CaB$_6$ 具有优异的强中子吸收能力和防高能中子辐射方面的特殊性能，使其在国防及核工业中也获得了重要的应用。另外，近年来 Young 等人发现 CaB$_6$ 具有极高的居里温度以及超高温铁磁性，为新型自旋电子元件的研究开辟了新途径。目前 $CaB_6$ 粉体的制备方法有纯元素的直接化合法、硼热还原法、碳热还原法、化学合成法、电解法、高温自蔓延法等，上述制备 $CaB_6$ 粉末的方法都存在能耗高、工艺复杂的缺点，而且制备的 $CaB_6$ 产品纯度和性能不够理想，距离工业化生产还很远。因此本实验采用廉价的硼酸钙作为原材料，分别配以 $B_4C$ 或硼酐，并引入适量的 C，通过碳热还原法低成本合成 $CaB_6$ 粉体。对反应产物进行物相分析，并对合成的 $CaB_6$ 粉体进行粒度和形貌分析。本研究对于低成本且适宜于工业化生产 $CaB_6$ 粉末的合成具有重要意义。

#### 2.2.7.1 实验方法

硼酸钙粉末中 CaO、$B_2O_3$、MgO、$Na_2O$ 和 $Fe_2O_3$ 的含量（质量分数）分别为 35.13%、40.18%、1.85%、0.83% 和 0.09%。$B_4C$ 粉末的纯度（质量分数）为 90%，其中含有 10% 的碳。硼酐（$B_2O_3$ 粉末）的纯度为 93.1%，平均粒径为 0.8mm。采用硼酸钙、$B_4C$ 和碳以及硼酸钙、硼酐和碳为原材料的反应分别按如下两个方程式进行：

$$CaO+B_2O_3+B_4C+3C \longrightarrow CaB_6+4CO\uparrow \qquad (2-1)$$

$$CaO+B_2O_3+10C \longrightarrow CaB_6+10CO\uparrow \qquad (2-2)$$

用酒精作为球磨介质，经 6h 球磨烘干后的粉末加入聚乙烯醇黏结剂，然后造粒，并在 40MPa 下模压成型。成型的试样经 100% 烘干 4h 后在真空的条件下进行烧结。烧结温度分别为 1723K、1823K、1923K 和 2023K，保温时间均为 30min。对反应方程式（2-1）和式（2-2）进行热力学计算确定理论上反应开始发生的温度。所制得的 $CaB_6$ 粉体采用 X'Pert Pro MRD 衍射仪（XRD）测定物相组成，用激光粒度分析粒径，用 SSX-550 型扫描电子显微镜（SEM）观察粉体的显微形貌。

#### 2.2.7.2 实验结果与讨论

A 热力学计算

图 2-4 是通过热力学计算得到的反应方程式（2-1）和式（2-2）的 $\Delta G^{\ominus}$ 随温度变化的关系曲线。由热力学计算可以得出反应方程式（2-1）和式（2-2）的 $\Delta G^{\ominus}$ 随温度的变化关系式分别为 $\Delta G^{\ominus}_{(1)} = 1465870-913.39T$ 和 $\Delta G^{\ominus}(2) = 3243690-1909T$。从图 2-4 可以看出，以硼酸钙、$B_4C$ 和碳为原料的反应方程式（2-1），当温度高于 1605.5K 时，反应的 $\Delta G^{\ominus}$ 为负值，因此硼酸钙、$B_4C$ 和碳理论上开始发生反应的温度为 1605.5K。同样由图 2-4 可知，以硼酸钙、硼酐和碳为原料的反应方程式（2-2），当温度高于 1699.5K 时，反应的 $\Delta G^{\ominus}$ 为负值，因此硼酸钙、硼酐和碳理论上开始发生反

应的温度为 1699.5K。由上可知，从热力学计算的结果分析得出反应方程式
（2-1）相对于应方程式（2-2）在相对较低的温度下比较容易发生。

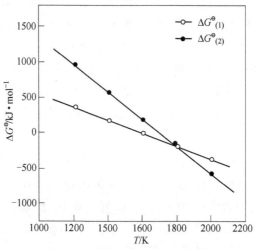

图 2-4　$\Delta G^{\ominus}$ 随温度变化的关系曲线

B　物相分析

a　以硼酸钙、$B_4C$ 和碳为原料产物的物相分析

图 2-5 是以硼酸钙、$B_4C$ 和碳为原料在不同烧结温度下得到的产物的
XRD 衍射图谱。由图 2-5（a）可以看出，当烧结温度为 1723K 时，反应不
是很充分，反应产物中虽然有极少量的 $CaB_6$ 生成，但是还含有 $B_4C$、$Ca_3$
$(BO_3)_2$ 和碳。由图 2-5（b）可知，当烧结温度为 1823K 时，反应产物的主
相是 $CaB_6$，还含有少量的 $B_4C$、碳和 $Ca_3(BO_3)_2$。由图 2-5（c）可知，当烧
结温度为 1923K 时，反应产物的 XRD 衍射图谱呈现出单一相的 $CaB_6$，没有
检测到第二相的存在。由图 2-5（d）可知，当烧结温度继续升高到 2023K
时，反应产物的主相是 $CaB_6$，还含有极少量的 $B_4C$。从图 2-5 可以看出，烧
结温度高于 1823K 时，反应产物中的主相均为 $CaB_6$，并可以确定以硼酸钙、
$B_4C$ 和碳为原料制备 $CaB_6$ 粉体的最佳烧结工艺是 1923K 保温时间为 30min。

b　以硼酸钙、硼酐和碳为原料产物的物相分析

图 2-6 是以硼酸钙、硼酐和碳为原料在不同烧结温度下得到的产物的
XRD 衍射图谱。由图 2-6（a）可以看出，当烧结温度为 1723K 时，反应式
（2-2）尚未开始发生，这和热力学计算的结果是相一致的，反应式（2-2）
的发生相对于反应式（2-1）需要较高的温度。另外，这个温度虽然已略高
出计算温度但反应还没有发生，这说明反应发生的活化能还不够，反应产物

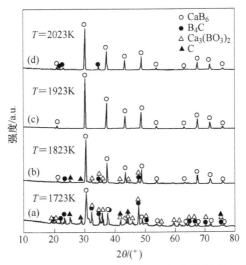

图 2-5 以硼酸钙、$B_4C$ 和碳为原料产物的物相分析

由 $B_4C$、$CaC_2$ 和碳三相组成。由图 2-6（b）和（c）可知，当烧结温度为 1823K 和 1923K 时，反应产物的主相均为 $CaB_6$，还含有少量的没有完全反应的碳。由图 2-6（d）可以看出，当烧结温度为 2023K 时，反应产物的 XRD 衍射图谱中没能检测到 $CaB_6$ 相的存在，产物由 $B_4C$ 和 $CaC_2$ 组成，呈现出和图 2-6（a）相近似的峰型。这是一个非常有趣的现象，说明在以硼酐作为原料的反应中 $CaB_6$ 的合成对温度的变化非常敏感，且合成温度的范围相

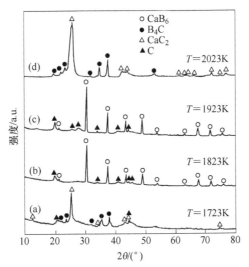

图 2-6 以硼酸钙、硼酐和碳为原料产物的物相分析

对较窄，高于或者低于一定的温度区间都不能够合成。当温度高于 1923K 时，由于制备 $CaB_6$ 粉末是一个固相反应的过程，原子的扩散起着控制的作用，随着温度的提高，碳原子的扩散能力显著增强，导致 C 元素与 B、Ca 元素的亲和力急剧增加，因此反应产物由 $B_4C$ 和 $CaB_6$ 组成。由图 2-6 可以看出，以硼酐为原料合成的 $CaB_6$ 粉体不如以 $B_4C$ 为原料合成的好。

C   粉体表征

a   粉体的粒径分析

在上述实验结果的基础上，我们选择反应方程式（2-1）在最佳烧结工艺 1923K 保温 30min 所得到的 $CaB_6$ 粉体，采用激光粒度分析仪进行粒径测量。$CaB_6$ 对水的折射率为 1.6，其粒径分析结果如图 2-7 所示，其中 $q$ 代表某个特定粒径的颗粒个数占总颗粒数目的百分比，而 $Q$ 则表示小于某个特定粒径的颗粒个数占总颗粒数目的百分比。由图 2-7 可知，所制备的 $CaB_6$ 粉末的粒径范围在 $3 \sim 35\mu m$ 之间，平均粒径为 $15\mu m$。市场上出售的 $CaB_6$ 的粒径一般在 $60 \sim 200$ 目，也就是 $74 \sim 250\mu m$ 之间，并且现在生产 $CaB_6$ 的厂商较少，在供不应求的情况下，无论是从纯度、粒度还是成本上来讲，本实验方法所制的 $CaB_6$ 粉末都有很大的市场潜力。

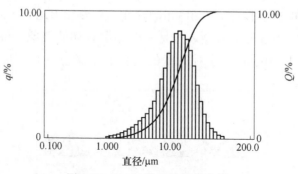

图 2-7   $CaB_6$ 粉末的粒径分析

b   粉体的显微形貌

图 2-8 为反应方程式（2-1）在最佳烧结工艺 1923K 保温 30min 所得到的 $CaB_6$ 粉体的显微形貌照片，其中（a）、（b）、（c）和（d）分别为不同放大倍数的粉体形貌。从这四张图片可以看到所制得的 $CaB_6$ 粉体有长方形、球形和棒状等不同的形貌，主要以长方形为主。粉体的粒径约在 $10\mu m$ 以下，这也与粒径分析的结果基本一致。

2.2.7.3   结论

本研究采用硼酸钙、$B_4C$ 或硼酐、碳等原料制备了 $CaB_6$ 粉体，借助

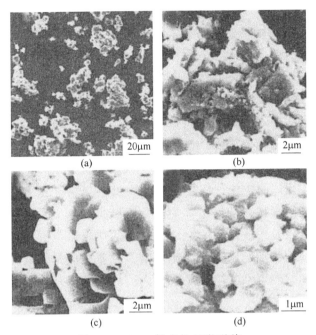

图 2-8 CaB$_6$ 粉末的显微形貌

XRD、SEMT 和粒径分析等测试手段对制得的粉体进行表征。对于采用 B$_4$C 或硼酐作为原材料的反应方程式（2-1）和式（2-2）分别进行热力学计算，当温度大于 1605.5K 或 1699.5K 时，两个反应方程式的 $\Delta G^{\ominus}$ 均为负值，这说明反应在高于上述温度时可以顺利地进行。XRD 物相分析结果表明，以硼酐为原料所制得的 CaB$_6$ 粉体不如以 B$_4$C 为原料制得的好。以硼酸钙、B$_4$C 和碳为原料的 CaB$_6$ 粉体合成的最佳烧结工艺为 1923K 保温 30min，此时所制得的 CaB$_6$ 粉体纯度最高。粒径分析的结果显示，所制得的 CaB$_6$ 粉体的平均粒径为 15μm。SEM 观察表明，CaB$_6$ 粉体形貌基本上是长方形，有少量接近球形和棒状的。

## 2.2.8 难熔硼化物陶瓷的制取方法

### 2.2.8.1 常压烧结

常压烧结是将原料粉末在液压机上用单轴压力机或准等静压设备压制成圆柱状坯料，然后置于烧结炉中在一定的温度下进行烧结。此工艺可制备较大的制品，并可实现较大规模的生产。但无任何添加剂的常压烧结，要想得到较高致密度的产品，要求的条件很苛刻，例如粉末粒度要尽可能小、烧结温度尽可能高等。所以，常压烧结通常添加各种烧结助剂以促进烧结。

#### 2.2.8.2 热（等静）压烧结

热（等静）压烧结是将原料放入模具中，然后置入热压电炉中，加压的同时升温，在预定的温度和压力下保持一定的时间制得所需的制品。主要包括热压和热等静压两种方法。工业上制备形状简单的硼化物制品主要靠热压。在真空和惰性气氛中，硼化物制品热压条件一般为：温度 1800 ~ 2100℃；压力 30~40MPa；高强石墨模具；保温保压 15 ~ 45min。制品的密度、孔隙度和微观结构取决于具体的热压条件。

#### 2.2.8.3 活化烧结

采用化学或物理的措施，使烧结温度降低、烧结过程加快或使烧结体的密度和其他性能得到提高的方法称为活化烧结。从广义看，细化粉末、添加烧结助剂的烧结以及形成液相的烧结等均属活化烧结范围，另外还可通过添加各种不同成分的添加剂来实现活化烧结，主要目的是降低烧结温度、提高制品抗氧化性和抗热震性，阻碍晶粒长大，从而提高力学性能。

#### 2.2.8.4 原位合成

该技术的原理是根据材料设计的要求，选择适当的反应剂（气相、液相或粉末固相），在适当的温度下借助于反应剂之间的化学反应，原位生成尺寸十分细小、分布均匀的增强相。这些原位生成的增强相粒子与基体间的界面无杂质污染，两者之间有理想的原位匹配，界面结合非常好，增强相粒子热力学稳定。目前报道的原位反应合成技术主要有：放热弥散法（XD）、气液反应合成法（VLS）、自蔓延燃烧反应法（SHS）、直接氧化法（DIMOX）、无压力浸润法（PRIMEX）、反应喷射沉积法（RSD）、接触反应法（CR）、机械合金化法（MA）、原位共晶生长法等。利用这些原位反应合成工艺都成功地制备了多种硼化物复合材料。

#### 2.2.8.5 SHS技术

SHS（Self – Propagating High Temperature Sythesis）技术由前苏联学者 Merzhanov 和 Borovinskaya 于 1967 年发明并相继获得了美国、日本、法国、英国等国的专利。这种方法起初主要用于高温难熔材料的合成，以单相化合物粉末居多。到 20 世纪 80 年代末期，人们又利用 SHS 制备复合陶瓷材料。其基本原理是将各反应剂按一定的比例充分混合，压坯成型，在真空或惰性气氛中，用钨丝预热引燃，使组分之间发生放热化学反应，放出的热量蔓延引起未反应的邻近部分继续燃烧反应，直至全部完成，就可以得到复合材料的毛坯。自蔓延燃烧反应需要一定的条件：（1）组分之间的化学反应热效应应达 167kJ/mol；（2）反应过程中热损失（对流、辐射、热传导）应小于反应放热量，以保证反应不中断；（3）某一反应物在反应过程中应能形成液态或气态，便于扩散传质，使反应迅速进行。表征 SHS 法的参数有燃烧波速和燃烧温度。影响自蔓延燃烧的因素有：（1）预制试样的压紧实度；（2）原始组分物料的颗粒尺寸；（3）预热温度；（4）预热速率；（5）稀释剂。该法生产过程简单，反应迅速（0.1~1.5cm/s），耗热少，反应温度高（2273~4273K），挥发性杂质熔化蒸发，使产品的纯度提高；但由于反应速度快，合成过程中温度梯度大，反应难以控制，并且产品中孔隙率高，密度低，极易出现缺陷集中和非平衡过渡相。为了提高产品的致密度，可采用致密化技术，如 SIH+HIP、SIH+HP、SHS+HE、SIH+Costing、SHS+PHIP 等。未采用致密化技术时，产品致密度达到理论密度的78%，而采用等热静压（HIP）致密后，产品的致密度高达理论密度的92%。

## 2.3 硼化钛

具有六角层形结构的金属二硼化物硼化钛几乎和碳化硼同样硬，此外它们还具有两个更重要的性质——与金属相当的导电性和抗熔融金属的侵蚀作用。在许多情况下，金属二硼化物比原金属单质具有更好的导电性，例如 $TiB_2$。这种良导电性再加上对熔融态铝的耐蚀性导致了将 $TiB_2$ 作为阳极电极棒的设想，后来将其用在 Hall-Heroult 还原电池中。尽管一些较基础的研究已由军工投资完成了，但是民用工业潜在的需要也促进了产生更奇特硼化物及其更广泛的应用，$TiB_2$ 就是一个例子。$TiB_2$ 及有关的硼化物可以满足极硬表面的处理和抗熔融金属的需要，现在正致力于该方面所需要技术的努力，除此以外，它还不能用于其他目的。

差不多每种金属都能生成一种以上的硼化物。硼化物都是结晶的固体结构，其结晶状态受堆积因素所决定。从金属硼化物的制备过程中发现，硼原子本身具有一个很强的趋势，即在可能的地方形成键的趋势。

### 2.3.1 $TiB_2$ 的特性

$TiB_2$ 是金属硼化物中最重要的一种，也是被研究最早、最多的一种金属硼化合物。它是很硬的灰色结晶体。$TiB_2$ 具有高熔点（2850℃）、高硬度，耐熔融金属腐蚀性好且具有很好的导电性，使其在许多领域有着重要的应用。$TiB_2$ 的理论密度为 4.52g/cm³，相对分子量为 69.54，硼含量为 31.12%，钛含量为 68.88%，粉末为灰色，烧结体为金属样灰色。

在硼化钛系统中，有四种化合物存在，分别是 TiB、$Ti_2B$、$TiB_2$ 和

$Ti_3B_4$，有关硼化钛化学性质的详细资料是关于 $TiB_2$ 的，$TiB_2$ 对盐酸、氢氟酸稳定，据有关资料介绍，硫酸在加热时可分解 $TiB_2$。

$TiB_2$ 能缓慢熔于硝酸和过氧化氢的混合物中以及硫酸与硝酸的混合酸中，能被溴水分解。$TiB_2$ 对几种酸的作用见表2-6。

表2-6　$TiB_2$ 对几种酸的作用

| HCl | | HNO₃ | | H₂SO₄ | | H₃PO₄ | | H₂CO₄ | | HF |
|---|---|---|---|---|---|---|---|---|---|---|
| 35% | 16% | 65% | 30% | 98% | 25% | 1:1.7 | 1:4 | 饱和 | 1:3 | 浓 |
| 94/58 | 95/61 | 28/1 | 31/1 | 89/58 | 96/68 | 98/3 | 98/65 | 94/51 | 89/5 | —/64 |

注：分子表示室温时与酸作用24h所得不溶性残渣，分母表示煮沸2h所得不溶性残渣。

### 2.3.2　$TiB_2$ 的应用

$TiB_2$ 粉末最主要的用途是生产金属真空镀膜用的蒸发舟。真空沉积是一种将金属，如铝、铜、锌和锡镀在金属、玻璃或塑料等底材上的一种常用方法。通常使用一个通过电阻加热方式加热的金属或陶瓷制成的容器（在此工艺中一般称为"蒸发舟"或"镀金属舟"）。舟在蒸发室中与电源相接，控制其加热的温度，使其足够将与其接触的加料金属气化。由此可见，对蒸发舟要求有良好的导电性、耐高温性能、耐熔融金属腐蚀性等。$TiB_2$ 与氮化硼的复合陶瓷具备这样的优良性能。在蒸发舟中，$TiB_2$ 的成分占45%~50%。全球在2006年每年生产600~800t蒸发舟，使用 $TiB_2$300~400t。

另外，$TiB_2$ 还可在武器装甲中使用，提高防护力；还有在高温结构陶瓷中广泛使用。但在这些领域中用量均不大，每年有50t左右。

### 2.3.3　$TiB_2$ 的合成工艺

$TiB_2$ 主要有以下几种合成方法：一是直接合成法，使用钛粉和高纯硼粉合成 $TiB_2$：$Ti+2B = TiB_2$，该法成本高，只在实验室有应用。二是碳热还原法，使用活性碳在高温下作为还原剂，氧化硼或碳化硼作为硼源，钛源采用二氧化钛：$TiO_2+B_2O_3+5C = TiB_2+5CO（2TiO_2+B_4C+3C = 2TiB_2+4CO）$。三是金属热还原法，即自蔓延高温合成（SHS）工艺或叫做燃烧合成（CS）工艺，使用铝粉或镁粉作为还原剂，利用反应生产的高温，使反应在引发后可以自动进行，无需外加热源即可完成反应。

目前在生产中通常使用的方法是碳热还原法，只要控制好配料比和反应温度后，即可得到纯度较好的产品。在配料中，一般要将硼源和碳稍过量，以补偿在高温下硼和碳的损失。反应温度一般在1800~1900℃，设备大多采用真空碳管炉。该方法存在的主要问题是生产出的产品粒度较大，最大可达几十甚至上百微米，且在高温下有烧结现象，粉碎较困难。不过通过现代化的粉碎设备和分级设备，可以解决该问题。所以该方法在生产 $TiB_2$ 时应用最为普遍。通常使用氧化硼作为硼源，不过随着碳化硼价格的不断下降，使用碳化硼作为硼源越来越有竞争力。

目前工业化生产中得到应用的另一种技术是 SHS 技术，该技术由前苏联首先开发出来。反应式为：$TiO_2+5Mg+B_2O_3 \Longrightarrow TiB_2+5MgO$；该技术使用镁粉作为还原剂，将二氧化钛、氧化硼和镁粉混合后，在 SHS 反应器中用引燃剂引发反应后就可生产出 $TiB_2$ 与氧化镁的混合物，经过盐酸洗去氧化镁和其他副产物后可得到粒度小于 $5\mu m$ 的纯净 $TiB_2$ 粉末。该技术目前虽在某些厂家有应用，但在技术上仍存在不少困难，如燃烧过程的控制、酸洗过程中 $TiB_2$ 的分解等，使得该技术生产出的 $TiB_2$ 纯度很难得到提高。但该方法生产出的粒度小且均一，在应用性能上与碳热还原有一定的差别，使该方法仍在吸引人们不断地进行研究与改进。

每吨硼化钛消耗定额：氧化钛（$TiO_2$）1.1t，氧化硼（$B_2O_3$）1.2t，碳化硼（BC）3.5t，碳元素（C）0.9t。产品规格（企业标准）：硼化钛含量≥98%。

## 2.3.4 $TiB_2$ 的结构

硼化物陶瓷是一类具有特殊物理性能与化学性能的陶瓷，硼化物属间隙相化合物，B 原子尺寸较大，并且 B 与 B 可以形成多种复杂的共价键。硼与许多金属原子形成硼化物，共价键种类一般包括 B—B 键、离域大 Π 键和 B—M 离子键。这种结构特点决定了其具有下列性能：高熔点、高硬度、良好的电性能、高的抗腐蚀性，可以广泛地应用在耐高温件、耐磨件、耐腐蚀件以及其他有特殊要求的零件上，如刀具材料、阴极材料和核工业材料等。近几十年来，世界各国都在加紧研究开发硼化物陶瓷及其复合材料。在硼化物陶瓷材料中，$TiB_2$ 因其性能特别优异而被作为最有希望得到广泛应用的硼化物陶瓷而备受关注。

图 2-9 为 Ti-B 的二元相图，Ti-B 体系共有三个 Ti-B 化合物，即斜方晶系的 TiB、斜方晶系的 $Ti_3B_4$ 以及六方晶系的 $TiB_2$，其中 $TiB_2$ 是唯一稳定的化合物。

图 2-10 为 $TiB_2$ 晶体结构示意图。$TiB_2$ 是六方晶系 C32 型结构的准金属结构化合物，其完整晶体的结构参数为 $a=0.3028nm$，$c=0.3228nm$。$TiB_2$

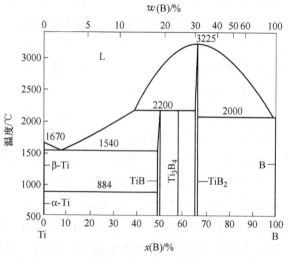

图 2-9　Ti-B 二元相图

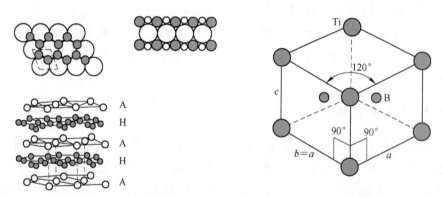

图 2-10　$TiB_2$ 晶体结构示意图

晶体结构中的硼原子面和钛原子面交替出现构成二维网状结构，各钛原子层之间堆成 A-A-A 系列产生底心单胞。硼原子是六配位并位于钛原子的三角棱柱的中心（H 位），它们产生了一平面状原始六方的二维类石墨的网络，整个堆叠系列是 AHAHAH…，属于 P6/mmm 空间群，其中 $B^-$ 外层有四个电子，每个 $B^-$ 与另外三个 $B^-$ 以共价键相结合，多余的一个电子形成大 Π 键，这种类似于石墨的硼原子层状结构和 Ti 外层电子构造决定了 $TiB_2$ 具有良好的导电性和金属光泽，而硼原子面和钛原子面之间的 Ti—B 离子键以及 B—B 共价键决定了这种材料的高硬度和脆性。同时 $TiB_2$ 金属陶瓷制品比 TiC 及 $B_4C$ 金属陶瓷制品更适合在高温高侵蚀的条件下工作，如与高温气体及熔化金属接触，$TiB_2$ 抗氧化温度可达 1100℃，明显优于 $B_4C$ 及 TiC。

在 $TiB_2$ 晶体中，这种 $a$、$b$ 轴为共价键，$c$ 轴为离子键的特性也导致了其性能的各向异性。在材料的制备过程中，这种各向异性会导致晶体生长出现择优取向，从而随着晶粒的长大，材料中的残余应力加大，导致大量的微裂纹产生，使材料的力学性能下降。同时在离子键与共价键的共同作用下，$Ti^+$ 与 $B^-$ 在烧结过程中均难发生迁移，因此 $TiB_2$ 的原子自扩散系数很低，烧结件性能很差。

## 2.4 硼化锆

在硼-锆系统中存在有三种组成的硼化锆，即 $ZrB$、$ZrB_2$、$ZrB_{12}$，其中 $ZrB_2$ 在很宽的温度范围内是稳定相。工业生产中制得的硼化锆多是以 $ZrB_2$ 为主要成分的。$ZrB_2$ 是六方晶系型结构的准金属结构化合物。

### 2.4.1 $ZrB_2$ 的特性

$ZrB_2$ 的相对分子量为 112.8。$ZrB_2$ 具有高熔点、高强度、高硬度，是导热性、导电性良好的材料，具有良好的中子控制能力等特点，因而在高温结构陶瓷材料、复合材料、耐火材料以及核控制材料等领域中得到了较好的应用。

$ZrB_2$ 具有极高的熔点、强度、硬度和电导率，且电阻温度系数为正，低的线膨胀系数，好的化学稳定性、捕集中子、阻燃、耐热、耐腐蚀和轻质等特殊性质，应用也日益广泛。$ZrB_2$ 的基本物理性质见表 2-7。

表 2-7 $ZrB_2$ 的基本物理性质

| 晶　型 | 六　方 |
| --- | --- |
| 密度/$g \cdot cm^{-3}$ | 5.8 |
| 熔点/℃ | 3040 |
| 线膨胀系数/$K^{-1}$ | $6.88 \times 10^{-6}$ |
| 热导率（20℃）/$W \cdot (m \cdot K)^{-1}$ | 24.3 |
| 电导率/$\Omega \cdot cm$ | $16.6 \times 10^{-5}$ |
| 电阻温度系数/℃ | $1.76 \times 10^{-3}$ |
| 显微硬度/GPa | 22.1 |
| 弹性模量 $E$/GPa | 343.0 |
| 抗压强度/MPa | 1555.3 |
| 洛氏硬度 HRA | 88~91 |
| 抗弯强度/MPa | 460 |

| 晶　型 | 六　　方 | |
|---|---|---|
| 抗氧化性<br>（1200℃空气中增重）/mg·cm$^{-2}$ | 50h | 4 |
| | 100h | 6 |
| | 200h | 15 |

$ZrB_2$ 耐熔融金属腐蚀性较好，此性质使其能用于铝电解、铁水连续测温用保护套管。但在酸性介质中耐腐蚀性一般，如表 2-8 所示。

**表 2-8　$ZrB_2$ 耐酸腐蚀性**

| HCl | | HNO$_3$ | | H$_2$SO$_4$ | | H$_3$PO$_4$ | | H$_2$CO$_4$ | | HF |
|---|---|---|---|---|---|---|---|---|---|---|
| 35% | 16% | 65% | 30% | 98% | 25% | 1:1.7 | 1:4 | 饱和 | 1:3 | 浓 |
| 91/6 | 93/7 | 12/1 | 24/4 | 51/5 | 63/4 | 63/4 | 89/3 | 55/5 | 38/2 | —/25 |

注：分子表示室温时与酸作用 24h 所得不溶性残渣，分母表示煮沸 2h 所得不溶性残渣。

### 2.4.2　$ZrB_2$ 的应用

$ZrB_2$ 主要用作复合陶瓷，由于它的熔点高，耐熔融金属腐蚀性好，所以在熔融金属测温用热电偶保护套管和冶金坩锅中有着重要的应用。也有部分应用于蒸发舟行业。另外，在耐磨耐腐蚀抗氧化涂层、热中子堆核燃料的控制材料、包裹材料、耐火材料添加剂方面也有应用。

### 2.4.3　$ZrB_2$ 的合成工艺

$ZrB_2$ 制备同 $TiO_2$ 很相似，主要有以下几种合成方法：一是直接合成法，使用锆粉和高纯硼粉，合成 $TiO_2$：$Zr+2B = ZrB_2$，该法成本高，只在实验室有应用。二是碳热还原法，使用活性碳在高温下作为还原剂，使用氧化硼或碳化硼作为硼源，钛源采用二氧化钛：$ZrO_2+B_2O_3+5C \rightarrow ZrB_2+5CO$（$2ZrO_2+B_4C+3C \rightarrow 2ZrB_2+4CO$）。三是金属热还原法，即自蔓延高温合成（SHS）工艺或叫做燃烧合成（CS）工艺，使用铝粉或镁粉作为还原剂，利用反应生产的高温，使反应在引发后可以自动进行，无需外加热源即可完成反应。

$ZrB_2$ 生产主要采用碳热还原法，采用碳化硼作硼源。由于 $ZrB_2$ 的反应温度较高，需要在 1950℃ 左右反应，所以采用碳化硼作硼源，使之在高温下原料的挥发减少，有利于配料的精确性。

该法得到的 $ZrB_2$ 粒度较大，需要进一步的磨细，以适合客户的要求。$ZrB_2$ 基陶瓷-金属复合材料，可以制造热电偶保护管、各种炉衬、电极材料，以及用于真空中金属蒸发器材料。硼化物具有硼原子间相互牢固结合的晶体结构，使其具备抗高温蠕变性能，从而使其在超级高温合金中得到应用。硼化物除了具有良好的高温性能外，也因为它是脆性材料以及不耐急热急冷，严重限制了它直接应用。

硼化物可以作为耐磨和耐热材料的基体成分，同时要选择润湿性良好的金属作为黏结剂。用硼化物制造陶瓷－金属复合材料的主要困难是它们对熔融金属的高度活性。有关Ⅳ～Ⅷ过渡族金属与硼化物的状态图表明，为克服硼化物基材料的脆性，选择相应塑性基体金属是困难的。所以，尽管它具有高的硬度、高的弹性模量以及高熔点、高化学稳定性，但与碳化物基陶瓷－金属复合材料相比，硼化物基陶瓷－金属复合材料尚未被广泛应用。

制备金属陶瓷的原料一般是粉末材料，主要包括两种：金属粉末及陶瓷粉末。生产任何一种产品，都要根据产品特性及要求，确定原料品种、成型和浇结方式，经过一系列制作工序后，最终得到成品。在这个过程中，粉末的物化性能如化学组成、体积密度、颗粒形状、粒度大小及分布等影响到制品的显微结构及整体性能。也就是说，粉末特性与最终产品性能直接密切相关。

武汉理工大学方舟等对 $ZrO_2$ 陶瓷材料及制造技术工艺做了以下的介绍。

$ZrO_2$ 陶瓷因为具有熔点和硬度高、导电导热性好、良好的中子控制能力等特点而在高温结构陶瓷材料、复合材料、耐火材料、电极材料以及核控制材料等领域中得到人们的重视并得到应用。随着对它更深层次的研究，很多新的使用用途和前景会被挖掘出来，会得到更广的使用。本书仅做为一个引线，希望人们重视对它的研究并深入地开展。

硼化锆是硼化物中比较主要和常见的一种材料。在硼－锆系统中存在三种组成的硼化锆：一硼化锆（ZrB）、二硼化锆（$ZrB_2$）、十二硼化锆（$ZrB_{12}$），其中 $ZrB_2$ 在很宽的温度范围内是稳定的。工业生产制得的硼化锆多是 $ZrB_2$。

$ZrB_2$ 是六方晶系 C32 型的准金属结构化合物，$B^-$ 离子外层有 4 个电子，每个 $B^-$ 与另外三个 $B^-$ 以共价 σ 键相连，形成正六角形的平面网络结构；多余的一个电子则形成离域的大 Π 键结构。$B^-$ 离子与 $Zr^{2+}$ 离子由于静电作用，形成了离子键。在晶体结构中硼原子面和锆原子面交替出现构成二维网状结构，离域的大 Π 键中的电子因为其可迁移性而决定了 $ZrB_2$ 具有良好的导电性和迁移性，而硼原子面和锆原子面之间的 Zr—B 离子键以及 B—B 共价键的强键性决定了这种材料的高熔点、高硬度和稳定性。因此 $ZrB_2$ 具有高熔点、高硬度、高稳定性、良好的导电性、导热性和良好的抗腐蚀性等特点。

### 2.4.4　$ZrB_2$ 的具体制取工艺方法

$ZrB_2$ 陶瓷粉末的传统和工业上的主要制备方法有以下几种:

(1) 金属和硼在惰性气体或真空中熔融合成反应。其反应式如下:

$$Zr+B \longrightarrow ZrB_2$$

这种方法合成的粉纯度高,但是因为原料比较昂贵,所以无法得到很好的应用。

(2) 碳或碳硼还原法。金属 (或金属氢化物、碳化物) 与碳化硼反应生成 $ZrB_2$:

$$ZrO_2+B_2O_3+5C \longrightarrow ZrB_2+5CO$$

$$2ZrO_2+B_4C+3C \longrightarrow 2ZrB_2+4CO$$

$$Zr（ZrH_4、ZrC）+B_4C（+B_2O_3）\longrightarrow ZrB_2+CO$$

加入 $B_2O_3$ 的目的是降低产物中碳化物的含量。比较常用的方法是在碳存在的情况下用金属氧化物同碳化硼作用制备硼化物,在碳管炉中 (如在 $H_2$ 气氛中需 1800℃,如在真空气氛中需 1700~1800℃) 进行。这种方法制备得到的产物纯度不是很好,而且不便于去除杂质。如 1995 年 H. Zhao 等对 $ZrO_2+B_4C+C$ 体系的热动力学计算和实验上的仔细研究,发现该反应在低温阶段 (1400℃左右) 按照硼化反应:

$$ZrO_2+5/6B_4C \longrightarrow ZrB_2+2/3B_2O_3+5/6C$$

进行,在高温阶段 (1600℃) 按碳化反应:

$$ZrO_2+B_2O_3+5C \longrightarrow ZrB_2+5CO$$

进行。在这个反应体系中,由于受中间产物 $B_2O_3$ 的气化,反应前需掺加过量的 $B_4C$ 以弥补 B 的损失而得到高纯的 $ZrB_2$ 粉末。如果合成温度越高,保温时间越长,氧和碳的含量都会降低,但是合成粉末的粒度会长大。所以选择合适的合成温度 (1700℃左右) 和保温时间 (1h 左右) 对制备高纯超细的 $ZrB_2$ 粉末来说很重要。

工业合成硼化锆的方法主要是用氧化锆还原硼化的方法,还原剂可用碳或碳化硼 ($B_4C$)。用碳化硼比用碳好,因为用碳还原合成硼锆,作为硼的来源是硼酐,不管是采用电弧熔融合成还是固相反应合成工艺,由于硼酐沸点很低,在 1000℃以上就大量挥发,致使合成的硼化锆化学组成波动很大,并且熔融法的温度高,电熔速度极快,会造成石墨电极和石墨坩埚对产品的严重玷污,还可能产生大量的副产物碳化锆。而用碳化硼做还原剂,就可以

制备出 $ZrB_2$ 的单相产物，其反应式为：

$$3ZrO_2+B_4C+8C+B_2O_3 \longrightarrow 3ZrB_2+9CO$$

由于碳化硼不易挥发，从而可以正确配方，工艺稳定，出料率也高，所以多用它作还原剂，在碳管炉中固相反应合成硼化锆。碳化硼合成硼化锆的反应，约在 1700℃ 开始生成硼化锆，1800℃ 可得到大量的硼化锆，至 1900℃ 基本上已完全合成。在 1900℃ 以下合成的硼化锆，结构松软，活性大，但温度超过 2200℃ 时，合成的料块结晶粗大坚硬，且碳含量也增高。因此反应温度选择在 2000～2100℃ 间为适当，保温 1h，冷却后的烧结坯在橡皮衬里的钢质球磨筒中用 WC 球球磨 48h，可得粒度小于 5μm 的 $ZrB_2$ 粉末。

（3）电解含有金属氧化物和 $B_2O_3$ 的熔融盐浴。这个方法制备得到的产物纯度不高，高温下 $B_2O_3$ 极易气化，更因为两者熔解都需要较高的温度，所以会消耗大量的能量，还要防止它们在此过程中会烧结，而且此方法比较容易引入杂质。

近代随着材料科学技术的发展，在材料的制备技术领域出现了以下新的方法：

（4）SHS（自蔓延高温合成）法。SHS 方法是前苏联科学家 Mezhanov 教授于 1967 年提出来的一种材料合成新工艺，它巧妙地利用化学反应放出来的热量来进行材料合成与制备。传统的 SHS 方法利用以下反应：

$$ZrO_2 + B_2O_3 + Al(Mg) \longrightarrow ZrB_2 + Al(Mg)_2O_3$$

来获得 $ZrB_2$ 粉末。这种方法理论上讲对产物酸洗可以得到纯度很好的 $ZrB_2$ 陶瓷，但是残留在产物中的 $ZrO_2$ 不容易除去。不过多数研究人员如 1996 年 D. D. Radevm 等利用 Zr 和 B 元素 SHS 合成的方法合成制备了 $ZrB_2$ 粉末；值得一提的是 2000 年 Y. B. Lee 等利用 SHS 技术通过 $ZrO_2$-$B_2O_3$-$Fe_2O_3$-Al 系统合成了 $ZrB_2$ 粉末，在体系中掺入过量（1～3 倍）的 Al，引入铝热反应提供 $ZrO_2$-$B_2O_3$-Al 系统反应的热量，从而使反应在很高的温度下、很短的时间里快速进行，最后分离得到了 $ZrB_2$ 粉末。

（5）CVD（化学气相沉积）法。在 $ZrB_2$ 薄膜和涂层的制备方面现在研究很成熟和透彻的是 CVD 方法以及由它而衍生的各种新型设备和方法辅助的 CVD 方法。CVD 方法的历史可追溯到 1937 年 Moers 利用 $H_2$ 还原 $BBr_3$ 和 $ZrCl_4$ 的混合物而合成了 $ZrB_2$，然后一直到 1975 年才真正开始比较系统地研究 $ZrCl_4$-$BCl_3$-$H_2$ 体系。1988 年 P. Rogl 和 P. E. Potter 对 $ZrB_2$ 做了综述和热力学计算；1992 年 A. Wang 和 G. Mate 对此体系的热力学以及 CVD 实验分别做了低压 CVD 制备 $ZrB_2$ 很透彻的分析和观察，1995 年他们和 S. Berthon 对此体系又研究和分析了低压 CVD 制备 $ZrB_2$ 的高温行为和热力学；1992 年 Silvia 等用等离子体增强 CVD 的方法制备了 $ZrB_2$ 薄膜。此外，1988 年 Rice 等人以 $Zr(BH_4)_4$ 为前红色体用 CVD 和激光微波诱导 CVD 等多种方法制备了 $ZrB_2$ 粉末。

（6）其他的方法。近二十年来也发展了一些新型的制备方法，如各种固相反应的方法：1989 年 M. Low 等对 $B_6Si$ 和 $ZrO_2$ 或 $ZrSiO_4$ 的混合物固相烧结也制备了 $ZrB_2$ 粉；1996 年 P. Millet 等以高纯的 $ZrO_2$ 和 B 细粉为原料通过球磨机械合金化的办法得到了 $ZrB_2$ 粉等。此外物理气相沉积（PVD）以及三极管或者磁控溅射的方法也同样获得了 $ZrB_2$ 薄膜。

在以上论述的几种主要制备方法中，各有其工业化难点。直接合成法的原料比较昂贵，粉末粒度粗大，活性低，不利于粉末的烧结以及后加工处理，所以无法工业化生产。电解法比较适合工业化大量生产，但是其缺点是比较容易引入杂质，制备得到的产物纯度不高，高温下 $B_2O_3$ 极易气化，还要防止 $ZrB_2$ 在此过程中会发生烧结；更因为两者熔解都需要较高的温度，所以会消耗大量的能量。而且此固相反应过程缓慢，反应进行得不完全，转化率不是很高，比较容易残留比较多的杂质，副产品成分复杂。另外反应时间长，产物颗粒会长得比较大，活性就不高，不利于后加工处理。SHS 方法过程简单，速度快，时间很短，能耗极少，合成粉末活性高，有利于烧结和后加工。但是由于其反应速度太快，反应有时会进行得不是很完全，杂质相应的也会比较多，而且其反应过程、产物结构以及性能不容易控制也是其不足。CVD 方法主要用于制作 $ZrB_2$ 薄膜和涂层，具有纯度高、过程简单、可以工业化生产的优点，但是其生长过程很慢，时间太长，薄膜的质量和厚度的均匀程度在工艺上不太容易控制也是其弱点。

**难熔超硬耐高温硼化物部分品种**

## 3.1 总论

难熔超硬耐高温硼化物作为硼化物家族中的重要一员，特点是难熔超硬高温、抗氧化性强、耐腐蚀性好、抗热震性强、导热性好、导电性好，广泛用于火箭、喷气飞机的喷口、复合装甲、钢水水平铸分离环、镀铝用蒸发舟、铝电解阴极衬板、集成电路基片等许多领域，在航天、电力、电子、激光等民用和国防部门核工业中具有不可替代的作用。高熔点、高硬度，在所有的温度下均有高的电导率，它们对不同类型的水溶液或气体都有很好的抗腐蚀性（但是不比碳化物及硅化物好多少），气相淀积的硼化物涂层与用其他方法制备的同样成分的硼化物有相同的性质。大多数硼化物是用粉末冶金工艺制备的，部分非金属硼化物具有类似性质。它们都有金属的外观和性质，最明显的是具有高的电导率等特性，钛、锆、铪、钒、镧的硼化物比其他金属的硼化物导电性好。

元素周期表第Ⅳ～Ⅵ族难熔金属的硼化物具有适于在很高温度下应用的一些性质。这些性质包括 $2000\sim3000℃$ 的高熔点、不易挥发、电阻低、硬度高和稳定性好。硼化物在高温无特殊的抗氧化性能，在 $1350\sim1500℃$ 以上时有显著的氧化速率。因此这些硼化物的耐热性质只能在中性或还原气氛或真空中应用。由于高熔点金属的硼化物和碳化物不易挥发，因此它们是唯一适合于在真空、 $2500℃$ 以上应用的耐高温材料，硼化物在高温较碳化物稍稳定一些。

难熔超硬耐高温硼化物除了硼化钙、硼化钛、硼化锆外，具有这一类硼化物特质的还包括：硅化硼（甲、乙）、硼化钼、硼化钒、硼化铌、硼化铀、硼化钨、硼化钽、硼化钡等品种。

## 3.2 硅化硼

（1）硅化硼甲：分子式为 $B_6Si$，相对分子质量为 92.95。

特性：黑色晶体，密度为 $2.47g/cm^3$，硬度处于金刚石和红宝石之间，能导电，不溶于水，在氯气和水蒸气中加热，表面能氧化，在沸腾硝酸中可直接被氧化，在熔融的氢氧化钾中不变化，而在热浓硫酸中则分解。

合成工艺方法：可直接加热硼、硅两单质的混合物，用 HF 和 $HNO_3$ 除去过剩的硅，再用熔融的 KOH 把混合物中的 $B_6Si$ 分解而得。

（2）硅化硼乙：分子式为 $B_3Si$，相对分子质量为 60.52。

特性：黑色晶体，密度为 $2.52g/cm^3$，硬度处于金刚石和红宝石之间，能导电，不溶于水，在热硝酸中缓慢反应，在热浓硫酸和熔融氢氧化钾中分解。

合成工艺方法：可直接加热硼、硅两单质的混合物，用 HF 和 $HNO_3$ 除去过剩的硅，再用沸腾的硝酸氧化混合物中的 $B_6Si$ 而得。

## 3.3　硼化钼

硼化钼的分子式为 $MO_2B$，相对分子质量为 202.691。

特性：硼化钼为黄灰色四方结晶，晶格常数 $a = 3.150nm$，$c = 16.97nm$，密度为 $9.26g/cm^3$，熔点为 2280℃，显微硬度为 235GPa。有多种硼化钼形式：$MoB$、$MoB_2$、$Mo_2B_2$、$Mo_2B_5$。

合成工艺方法：合成工艺方法为还原法，也可用元素硼和钼直接加热制得，氧化硼和氧化钼在碳存在下，于高温下还原制得。

硼化钼产品规格如表 3-1 所示。

表 3-1　硼化钼产品规格

| 指标名称 | 参考规格 |
| --- | --- |
| 硼（B）含量/% | 10~10.4 |
| 碳（C）含量/% | <0.5 |
| 氮（N）含量/% | <0.5 |
| 氧（O）含量/% | <0.7 |
| 平均粒径/μm | 3~6 |
| 二硼化钒（$VB_2$）含量/% | 99.5 |

用途：硼化钼主要用作电子用钨、钼、钽合金的添加剂，也可用于制造耐磨薄膜和半导体薄膜喷涂材料。

## 3.4　硼化钒

硼化钒的分子式为 $VB_2$，相对分子质量为 72.564。

特性：二硼化钒为灰色立方结晶，晶格常数 $a = 0.2998\text{nm}$，$c = 0.2060\text{nm}$，密度为 $5.10\text{g/cm}^3$，熔点为 $2450℃$，硬度为 $28\text{GPa}$，不溶于水。

合成工艺方法：将元素硼和元素钒按比例混合后，加压成型，在加热炉中加热制得。

硼化钼产品规格如表 3-2 所示。

表 3-2 硼化钼产品规格

| 指标名称 | 参考规格 |
| --- | --- |
| 硼（B）含量/% | 29~31 |
| 碳（C）含量/% | <0.5 |
| 氮（N）含量/% | <0.5 |
| 氧（O）含量/% | <0.7 |
| 平均粒径/μm | 3~5 |
| 二硼化钒（$VB_2$）含量/% | 99.5 |

用途：硼化钒主要用作精细陶瓷原料粉，用于生产耐磨及半导体薄膜。

## 3.5 硼化铌

硼化铌的分子式为 $NbB_2$，相对分子质量为 $114.528$。

特性：硼化铌为灰色六方结晶，密度为 $7.00\text{g/cm}^3$，晶格常数 $a = 0.310\text{nm}$，$c = 0.330\text{nm}$，熔点为 $3000℃$，硬度为 $26\text{GPa}$。

合成工艺方法：将元素硼和元素铌铵比例混合后，再分两段加热合成制得二硼化铌。

硼化铌产品规格如表 3-3 所示。

表 3-3 硼化铌产品规格

| 指标名称 | 参考规格 |
| --- | --- |
| 硼（B）含量/% | 18~20 |
| 碳（C）含量/% | <0.5 |
| 氮（N）含量/% | <0.5 |
| 氧（O）含量/% | <0.7 |

用途：硼化铌主要用作精细陶瓷原料。

## 3.6 硼化铀

硼化铀的分子式为 $UB_x$。有多种硼和铀的化合物，$UB_x$ 中的 $x$ 可等于 2、

4、12。

特性：$UB_2$ 为六方晶系晶体，熔点为 2300℃，具有大熔点、高硬度的特性，化学性质稳定。

合成工艺方法：由硼和铀直接反应制取，它们都能形成组成在一定范围内的非计量化合物。

## 3.7  硼化钨

硼化钨的分子式分别为 $W_2B$、$WB$、$WB_2$、$W_2B_5$，相对分子质量分别为 378.49、194.85、205.47、421.74。

特性：$W_2B$ 为黑色耐火粉末，密度为 16.0g/cm³；$WB$ 为黑色粉末，密度为 15.2g/cm³，熔点为 2665℃；$WB_2$ 为黑色固体，密度为 10.77g/cm³，熔点为 2900℃；$W_2B$ 易耐火，固体密度为 11.0g/cm³，熔点为 2365℃；均不溶于水，均溶于浓酸，有金属导电性、化学惰性、室温下不被氧化，可与单质 $F_2$ 强烈反应，和碳一起加热生成碳化物。

合成工艺方法：在真空中将 $WO_3$、石墨和碳化硼混合加热制备 $W_2B_5$，其余钨硼化物可按化学配比由 W 和 B 加热制备。

用途：硼化钨主要用作耐火材料、粗细陶瓷原料。

## 3.8  硼化钽

在真空及 1800~1900℃ 的温度下烧结钽和纯度达 88%~99% 的硼的粉末混合物，30min 后可制成硼化钽合金。按照另一种方法在 150℃ 的温度下在电阻炉的石英管中烧结 100~150h 即可制得该合金。

用碳还原 $Ta_2O_5+B_2O_3$ 的混合物制得硼化钽。用碳化硼还原五氧化钽制得该合金：

$$Ta_2O_5+B_4C+4C \longrightarrow 2Ta_2B_2+5CO$$

## 3.9  硼化钡

硼化钡的分子式为 $BaB_5$，相对分子质量为 202.19。

特性：六硼化钡熔点为 2270℃，密度为 4.36g/cm³。碱土金属六硼化物一般被认为是简单的极性半导体，单粒子能隙具有零点几个电子伏特。六硼化钡常温常压下比较稳定，可在常温密闭、阴凉通风干燥处保存。

制取：T. I. Serebryakova 等采用硼热技术，以氧化钡、碳化硼和无定形单质硼为原料在真空炉中于 1600℃ 反应得到六硼化钡，反应方程式如下：

$$BaO+B_4C+2B \longrightarrow BaB_6+CO$$

Frederick Tepper 等采用 8 份氧化钡、4 份氧化硼和 70 份金属钠在氮气氛下加热至 870℃，金属钠熔化，搅拌反应 2h，在此温度下蒸馏除去金属钠，用甲醇溶去剩余的金属钠，然后用热水洗涤过滤后得到硼化钡微粒。

Guanghui Min 等采用 $BaCO_3$、$B_4C$ 和 C 为原料，按 $BaCO_3/B_4C/C$ 摩尔比为 2∶3∶1 球磨混料，置于真空炉中，1673K 温度下反应 2h，冷却至室温得到产品。

T. P. Jose 等以 $BaCO_3$ 和 $B_2O_3$ 为原料，LiF 为电解液，采用电化学合成方法，在氩气氛下，温度 870℃ 反应平衡 1h，然后进行电解，电流密度 0.2~0.5A/cm² 电沉积物用 5% 热盐酸和去离子水洗涤过滤，得到亚微米的六硼化钡晶体。

用途：钙、锶、钡硼化物适于作电子工业的阴极材料，或作为阴极材料的组成要素。作为一种坚硬的难熔材料，可以用于耐热材料或其他有特殊用途的合金。采用对 β-硼化钡进行内腔倍频的技术，新型 Innova 300 倍频离子激光系统可以在 229nm、238nm、244nm、248nm、257nm 和 264nm 六个紫外波长处产生 CW 二次谐波振荡输出。可以加入医疗中 X 光肠胃检查所用的钡餐中，以增加钡餐在肠胃的黏附均匀性与稳定性，它是制备薄膜电路中电阻膏的组成之一。

# 4 复合材料

## 4.1 总论

东华大学王丽等以 $TiB_2$ 陶瓷为例，对硼化钛陶瓷的具体制取方法——热压烧结制备硼化钛陶瓷进行了研究。

$TiB_2$ 陶瓷具有优良的物理化学性能和力学性能，它除了具有非常高的硬度和弹性模量外，还表现出一系列良好的特性，如导电性、高熔点、耐磨损、重量轻以及高的化学稳定性，其应用前景十分广阔。然而同其他非氧化物陶瓷一样，$TiB_2$ 中强的 B—B 共价键和较低的硼原子自扩散系数使得 $TiB_2$ 陶瓷一般需要热压烧结，并且在较高的温度下（大于 2000℃）才能实现材料的高致密化，从而限制了 $TiB_2$ 的应用。大量的研究表明，采用无压烧结工艺来获得相对密度大于 95% 以上的 $TiB_2$ 材料几乎是不可能的。目前对 $TiB_2$ 的研究，大多集中在烧结助剂对材料的烧结性能和显微结构的影响上，但烧结助剂的添加虽然可以降低材料的烧结温度，提高材料的致密化程度，但是会影响材料的高温性能如抗氧化、抗烧蚀等性能。

以二硼化钛（$TiB_2$）的热压烧结为主要研究内容，通过加入不同的烧结助剂，在改善烧结性能的同时，又不会在 $TiB_2$ 烧结体中残留下其他杂质而影响其高温使用性能。本章对 $TiB_2$ 热压烧结的机制、原料粒径、氧含量、晶体结构等因素对陶瓷致密化的影响进行了探讨。主要研究内容如下：

（1）添加 $B_4C$、C 等还原性烧结助剂，研究氧化物（$TiO_2$、$B_2O_3$）对 $TiB_2$ 烧结的阻碍作用。前人的研究表明，氧含量是阻碍 $TiB_2$ 陶瓷烧结的一个重要因素，本研究通过加入 $B_4C$、C 等烧结助剂使得微米级 $TiB_2$ 商业粉体在 2000℃ 热压烧结达到了致密。分析了氧含量对烧结的阻碍机理，并对 $B_4C$、C 两种还原助烧剂的作用机理进行了分析，经过 XRD、SEM 分析，发现 C 比 $B_4C$ 更适合做 $TiB_2$ 的烧结助剂，因为 $B_4C$ 在与 $TiO_2$ 反应时会生成 $B_2O_3$，容易造成 $B_2O_3$ 的残留，使得晶粒异常长大，而 C 却可以进一步与 $B_2O_3$ 反应，晶粒组织结构更均匀。

（2）重点研究了烧结助剂的原位反应对 $TiB_2$ 热压烧结的影响。以 Ti/B、

Ti/$B_4$C 和 Ti/C 为复合添加烧结助剂，利用烧结助剂之间的原位反应生成具有较好烧结活性的第二相粒子来促进 $TiB_2$ 陶瓷的烧结，并获得了相对密度大于 97% 的 $TiB_2$ 陶瓷。更有意义的是，这种方法所生成的第二相（硼化钛或碳化钛）具有和基体同样高的熔点，保证了烧结助剂不会对材料的高温力学性能带来不利的影响。课题的成功实施将为硼化物结构陶瓷，尤其是 $TiB_2$ 陶瓷的研究和应用提供重要的基础数据。

（3）添加剂的引入不仅促进了 $TiB_2$ 热压烧结的致密化，同时还抑制了晶粒的生长。通过对球磨过的 $TiB_2$ 加入 C 做添加剂，发现晶粒有明显的减小。

## 4.2 金属陶瓷原料的预加工、辅料、磨面与成型烧结

### 4.2.1 金属粉体的合成工艺

制作金属陶瓷材料的常用金属主要有钨、钼、钽、铌、钛、铬等，其主要性能见表 4-1。

表 4-1 几种常用金属粉末的理化性能

| 材料 | 熔点/℃ | 密度 /g·cm$^{-3}$ | 热导率 /W·(m·K)$^{-1}$ | 线膨胀系数/℃$^{-1}$ | 电阻率/Ω·cm | 抗氧化性 |
|---|---|---|---|---|---|---|
| 钼 | 2620 | 10.2 | 147（20℃） | $6×10^{-6}$ （25~700℃） | $5.17×10^{-6}$ （20℃） | 大于600℃ 迅速氧化 |
| 钨 | 3395 | 19.3 | 130.2（20℃） | $4.98×10^{-6}$ （0~500℃） | $5.5×10^{-6}$ （20℃） | 400~500℃ 显著氧化 |
| 钛 | 1668 | 4.51 | 16.8 （0~200℃） | $8.2×10^{-6}$ （20~300℃） | $42×10^{-6}$ （20℃） | 不易氧化 |
| 铌 | 2470 | 8.57 | 54.6 | $7.1×10^{-6}$ （10~100℃） | $13.2×10^{-6}$ （20℃） | 大于500℃ 加速氧化 |
| 钽 | 3000 | 16.65 | 54.6 | $6.5×10^{-6}$ （10~100℃） | $12.5×10^{-6}$ （20℃） | 大于500℃ 加速氧化 |
| 铬 | 1857 | 7.2 | | | | |

金属粉体的合成工艺方法分为机械法和物理化学法两大类：

（1）机械法是将金属原料磨碎成粉而化学成分基本上不发生变化的工艺过程。如球磨法、雾化法等都属于这类方法。这种方法的生产效率较高，已被广泛用于特种粉末的制取。

（2）物理化学法是在制取粉末过程中，由于原材料受到化学或物理的作用，而使其化学成分和集聚状态发生变化的工艺过程。如还原法、电解法等，都属于这一类方法。物理化学法有可能利用廉价原料生产特种粉体，制粉成本相对较低，此外，许多难熔金属、合金和化合物粉末，只能用物理化学法制取。

#### 4.2.1.1 还原法

还原法工艺简单，成本较低，而且容易控制粉末的颗粒形状和大小，是普遍应用的制取粉体的方法之一。该法以金属氧化物或盐类作为原料，选用适当还原剂通过还原反应获得金属粉末。无论是还原剂还是被还原剂，都可以固态、气态或液态形式参与反应。

#### 4.2.1.2 雾化法

雾化法属于机械制粉法，直接击碎液体金属或合金而制得粉末。该法包括：二流雾化法、离心雾化法、超声波雾化法、真空雾化、辊筒雾化等。

雾化法非常简便，只需克服液体金属原子间的键合力就能使之分散成粉末，雾化过程又非常复杂，因为雾化介质与液体金属之间既有能量交换又有热量交换，同时液体金属的黏度和表面张力，在雾化及冷却过程中发生的不断变化又反过来影响雾化过程。除此之外，多数情况下雾化介质与液体金属发生化学作用使之有不同程度的成分改变（氧化、脱碳）。

#### 4.2.1.3 电解法

电解法分为：水溶液电解法、有机电介质电解法、熔盐电解法、液体金属阴极电解法。

#### 4.2.1.4 沉积法

沉积法包括下列几种方式：金属蒸气冷凝法、羰基物热离解法、化学气相沉积法、液相沉积法。

### 4.2.2 金属陶瓷材料的成型工艺

金属陶瓷材料的成型工艺是采用各种成型方法将各种粉体材料制成具有一定形状和强度的坯体。

所采用的成型方法因成型粉体的品种、特性、坯体形状及要求的不同而不同。千百年来，已发展了多种成熟的成型技术，主要有模压成型、注射成型、热压铸成型、等静压成型等。

（1）模压成型：即是将混合好的粉料置于钢模内，通过成型机械如四柱液压机进行单向加压或双向加压使之成型。

工艺流程：所选各种粉体原料→称量→混合（加入结合剂）→装模→压制→成型。

（2）热压铸成型：在一定压力下将熔化的含蜡料浆注入金属模具，冷却后得到坯体。

工艺流程：石蜡+表面活性剂→加热熔化→加入预热粉料→搅拌、除气→热压铸机→成型→排蜡→烧结→成品。

（3）胶态成型：陶瓷的成型工艺很多都可以用于金属陶瓷的制备，但目前的相关研究并不多。除干法成型外，塑性成型和浆料成型可归为胶态成型工艺（或称为化学湿法成型工艺），见表4-2。干法成型的坯体均匀性差，无法克服颗粒的团聚，适合于制备形状简单的制品。胶态成型工艺由于可以有效地控制颗粒的团聚、坯体密度高、均匀性好、工艺成本低、产品可靠性好等，因而受到了各国的广泛重视。

表4-2 陶瓷材料及部件的主要成型工艺

| 干法成型 | 胶态成型工艺 | | |
| --- | --- | --- | --- |
| | 塑性成型 | 浆料成型 | |
| | | 20世纪90年代之前 | 20世纪90年代之后 |
| 干压成型；<br>等静压；<br>热压；<br>热等静压 | 塑性充模；<br>注射成型；<br>挤出成型 | 注浆成型；<br>压滤成型；<br>离心注浆成型；<br>流延成型；<br>电泳沉积成型 | 凝胶注模成型；<br>直接凝固注模成型；<br>温度诱导絮凝成型；<br>胶态振动注模成型；<br>快速部件制造技术 |

（4）多孔陶瓷浸渍法：多孔陶瓷浸渍法制备金属陶瓷的过程主要分为两步进行。前先采用传统的陶瓷制备工艺生产出具有连通孔的陶瓷骨架，然后在常压或加压下将液态金属渗入陶瓷骨架中，经冷却后即可制得金属陶瓷，工艺流程见图4-1。图4-2为某种金属陶瓷复合材料的显微结构。

其他成型法还包括有：直接氧化法、溶胶的凝胶法、工业及挤出熔铸法。

## 4.2.3 金属陶瓷材料的烧结

无论采用哪一种方式成型，坯体内都含有大量气孔，强度也很低，经过高温处理以后，坯体中的颗粒相互结合在一起，气孔缩小，整个坯体也收缩并致密，强度增大成为一个坚固整体，这个高温过程称之为烧结。

金属陶瓷的烧结与一般特种陶瓷的烧结无异，根据在烧结温度下有无液

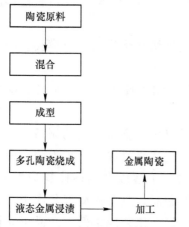

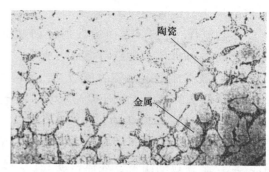

图 4-1 浸渍法金属陶瓷制造工艺流程图    图 4-2 金属陶瓷复合材料的显微结构

相存在，可将烧结分为无液相参加的烧结即纯固相烧结和有液相参加的烧结即液相烧结。烧结的关键是物质的迁移，这两种烧结方式中导致物质迁移的主要动力都是坯体粉末微粒的表面自由能。高度分散的粉末状物料具有极大的比表面积，因而具有很高的表面能，任何系统都有向最低能量状态转变的趋势，这种表面自由能的降低，在很多情况下就成为物质烧结的主要动力。此外，高度分散物料的表面还存在严重扭曲，内部也具有比较严重的结构缺陷，这些都使晶格活化、质点易于迁移，从而成为烧结动力的另一部分。

### 4.2.3.1 热压烧结

热压烧结是一种特殊的烧结方法，是指对置于限定形状的石墨模具中的松散粉末或压坯加热的同时施加外力，使之在温度和压力的双重作用下达到烧结、致密的过程。

热压烧结的加热方式有四种：电阻直热式、电阻间热式、感应间接加热、感应直接加热。

所用模具材料多为石墨质，它具有耐高温能力，而且其强度随温度升高而增加，摩擦系数低。所用石墨必须为高温、高强、高密的"三高"产品，以保证高温时模具能够承受较高的热压负荷。

### 4.2.3.2 气氛保护常压烧结

烧结气氛对于保证产品具有良好的性能及烧结的顺利进行至关重要。对于金属陶瓷而言，所用的烧结气氛包括：还原性气氛、惰性气氛、真空气氛。

### 4.2.3.3 金属陶瓷的反应烧结

将选定的一些粉末（包括金属粉末和非金属粉末）压制成需要的坯体，在烧结的升温过程中，粉末之间发生了化学反应，产生新物相，即为反应烧结。烧结过程中颗粒或粉末之间发生的化学反应可以是吸热的，也可以是放热的。反应烧结是以形成期望的化合物为目的的烧结。

采用反应烧结技术制备产品，可以克服普通烧结方法中某些品种粉末制备困难、成型性与烧结性差的缺点，而且若反应是放热的，还可以降低烧结温度，缩短烧结时间。反应烧结的方法，无论金属间化合物、金属陶瓷还是陶瓷的制备都可以采用。

金属陶瓷的反应烧结举例如下所述。

反应烧结是通过化学反应以完成规定成分的合成，同时实现致密化烧结的一种新工艺。该方法可以使用低成本原材料，并可以合适地引入第二相颗粒，在相对较低的温度下实现烧结，特别是材料在烧结后收缩极小，可以通过坯体的原始形状来获得构件的最终设计，从而大大降低成本。

反应烧结金属陶瓷的原料除了采用元素粉末以外，还常用铁合金粉，如钛铁、钼铁、硼铁。反应烧结金属陶瓷中的硬质相多为钛的碳化物、硼化物、氮化物及钼的硼化物、碳化物。这些硬质相是利用相应的元素或化合物之间的反应形成的。其反应式如下：

$$Ti\text{-}Fe + B_4C \longrightarrow TiB_2 + TiC + Fe$$

$$Mo\text{-}Fe + B\text{-}Fe \longrightarrow MO_2FeB_2 + Fe$$

### 4.2.3.4 Fe-6B-xMo 系的反应烧结

以钼粉、羟基铁粉和水雾化硼铁粉为原料，对 Fe-6B-xMo 系的研究表明，钼含量为48%的粉末在1500K烧结20min时，材料综合性能最佳：抗弯强度1.9GPa，硬度HRA88。Fe-5B-44.4Mo系也具有优良性能：抗弯强度2.06GPa，硬度HRA85。材料的组织由硬质相 $Mo_2FeB_2$ 和钢基黏结相组成。如以镍取代铁可制成镍基合金黏结的 $Mo_2NiB_2$ 金属陶瓷。这类材料的耐蚀性很好，并且高温强度高，可用作模具。

其烧结中的反应过程如下：725K开始反应生成 $Fe_2B$，反应式为：

$$Fe + B\text{-}Fe \longrightarrow Fe_2B$$

1125K开始有 $Mo_2FeB_2$ 生成，反应式为：

$$Mo + B\text{-}Fe \longrightarrow MO_2FeB_2 + Fe$$

$Fe_2B$ 也继续生成。伴随着固相反应生成 $Mo_2FeB_2$ 会产生膨胀现象。到1365K产生第一个共晶液相 y-Fe+Fe_2B→L_1，样品开始收缩；到1415K生成

第二个液相 $y\text{-}Fe+L_1+Mo_2FeB_2 \rightarrow L_2$，发生 $Mo_2FeB_2$ 的溶解–析出。这类材料的反应烧结是典型的液相烧结。

### 4.2.3.5 自蔓延烧结（SHS）

自蔓延高温合成技术是利用放热反应合成材料的新方法，系由外部提供的能量诱发，使高放热反应体系的局部发生化学反应，形成反应前沿燃烧波，然后依靠自身反应放出的热量继续向前推进，形成一个以一定速度蔓延的燃烧波，待燃烧蔓延至整个试样，则完成了所需材料的合成。

合成过程中燃烧温度高、反应带中温度梯度大、燃烧速度快，与传统的材料合成方法相比，自蔓延高温合成技术具有以下特点：合成产物纯度高、活性大；可以控制制备过程的速度、温度，从而控制产物的成分及结构；设备简单，节约能量。

自蔓延技术是由前苏联研究人员提出并发展起来的，发展到今天，内蔓延应用技术与工艺已达 30 多种，划分为 6 个方面：燃烧合成制粉技术、燃烧合成烧结技术、燃烧合成致密技术、燃烧合成熔铸技术、燃烧合成焊接技术、燃烧合成涂层技术。

自蔓延烧结法可将所需形状、尺寸的材料或产品的合成与烧结一次同时完成，自蔓延烧结主要依靠自蔓延高温合成过程产生的高温下固相或液相传质来进行。其过程是在真空或一定气氛中将粉末或压坯直接点燃，不加外部载荷，依靠自身的反应、放热进行合成和烧结。由于反应过程中难免有气体逸出，即使有液相存在，孔隙率也高达 7%～13%，难以完全致密。可根据需要将反应混合物压制成一定的形状，这样在合成、烧结过程结束后，压坯的形状尺寸不会发生很大的改变。同时由于化学反应通常伴随有体积的增加，产物填补孔洞，从而可使孔隙率降低。

自蔓延烧结方式有三种：在空气中烧结、在真空气氛下烧结、在反应性气氛下烧结。

由于自蔓延高温合成的产物一般是多孔的，其产生的原因包括：反应物压坯自身的孔隙、反应产物与反应物的摩尔体积变化造成的孔隙、杂质挥发引起的孔隙和热迁移引起的孔隙等，因此，自蔓延烧结非常适用于高孔隙度材料、蜂窝状制品等的制备。值得注意的是，在相同孔隙度下，自蔓延烧结体的强度为传统材料的 1.5～3 倍，这可能是由于自蔓延过程产生的高温下低熔点杂质得到去除，使陶瓷晶粒之间得到较强的结合，形成高强度骨架所致。

在金属陶瓷的粉末烧结法制备中，有时会遇到金属相与陶瓷硼润湿性差，导致材料烧结后不易获得预期的组织结构及性能。

金属陶瓷的烧结温度一般高于金属熔点而低于陶瓷熔点，当选用的金属熔点很高时，这个问题尤为突出。采用自蔓延烧结技术，可以在反应结束、产物处于液态时，控制其凝固过程，制备出金属相分布均匀、接口结合良好的金属陶瓷，而且可以通过改变反应物的配比调整反应温度，从而获得不同组成的材料。

应用自蔓延烧结技术制备金属陶瓷，其合成非常迅速，只需几秒钟即可完成，但是，要想得到致密的金属陶瓷制品，需要将自蔓延方法与热压技术相结合，即在反应终了、烧结体仍处在红热状态时施以压力，从而有效排除自蔓延烧结体内的多余孔隙，使其组织结构达到致密。前苏联已经利用自蔓延高温合成–加压技术制备了多种高温金属陶瓷和硬质合金，并已投入工业应用。

## 4.3 TiB₂ 复合材料——金属陶瓷

TiB$_2$ 是具有六方晶系 C32 结构的准金属化合物，其完整晶体的结构参数为 $a = 0.3028\text{nm}$，$c = 0.3228\text{nm}$。晶体结构中的硼原子面和钛原子面交替出现构成二维网状结构，其中 B$^-$ 外层有四个电子，每个 B$^-$ 与另外三个 B$^-$ 以共价键相结合，多余的一个电子形成大 Π 键。这种类似于石墨的硼原子层状结构和 Ti 外层电子构造决定了 TiB$_2$ 具有良好的导电性和金属光泽，而硼原子面和钛原子面之间的 TiB 离子键决定了这种材料的高硬度和脆性的特点。而 TiB$_2$ 的这种结构特点和随之带来的优良性能，使其具有广阔的应用前景。

在结构材料方面，由于其高的强度和硬度，可制造硬质工具材料和刀具、拉丝模、喷砂嘴等，同时可以作为各种复合材料的添加剂，例如采用 TiB$_2$ 颗粒强化的 A1 基复合材料已开始应用于航空、汽车等工业中，其性能与 SiC 增强的 Al 合金相比性能有大幅度提高。

在功能材料方面，由于 TiB$_2$ 具有与纯铁相似的电阻率，从而在功能材料应用上大有可为。利用 TiB$_2$ 的电性能，还可制造 PTC 材料，将 TiB$_2$ 与有机高分子材料相复合可以制成具有柔性的 PTC 材料。TiB$_2$ 的高熔点比 SiC、Si$_3$N$_4$ 分解温度还高 1000℃，使之可以在比 SiC、Si$_4$N$_3$ 更高的使用温度下工作，成为超高温（2000～3000℃）耐火材料的最佳候选。利用 TiB$_2$ 陶瓷优良的电性能和在过渡金属及轻金属熔体中具有良好的稳定性，使它在金属蒸镀技术领域具有广泛的应用价值。

关于硼化物陶瓷的研究，在 20 世纪 80 年代以前并没有引起足够的重视，其原因是材料极大的脆性（$k$一般小于4）、较差的抗热冲击性，同时，$TiB_2$材料昂贵的制造成本亦阻碍了这种材料的广泛应用，80年代前的有关文献主要出自前苏联，大量的研究工作主要集中在研究硼化物材料的基本问题，而涉及材料制备与性能的文献在80年代后期才有报道。

### 4.3.1 TiB₂陶瓷原料的制取

$TiB_2$特殊的物理和化学性质，决定了这种材料具有非常广泛的应用前景。但这种材料的制备非常困难。制备高纯度、低成本、可大规模工业化生产$TiB_2$的技术是各国工业界和科技界广泛研究的课题。

目前，制备$TiB_2$特种陶瓷粉末的主要方法有：碳热还原法、融熔电解法、SHS法和气相沉积法等。

#### 4.3.1.1 融熔电解法

融熔电解法适合于从天然原料直接获得大量的纯度较高的$TiB_2$粉末，其基本原理是利用硼氧化物和钛氧化物在MO、$MgF_2$或CaO、$CaF_2$为助熔剂的条件下通过低电压大电流融熔电解而得到。

利用这种方法生产的$TiB_2$粉末，纯度一般可达95%左右，但粉末粒度较粗，一般为$130\sim250\mu m$，且粒度分布较广。另外，由于在这种工艺中电流效率极低，因此生产成本昂贵。

#### 4.3.1.2 碳热还原法

这种方法以钛和硼的氧化物为原料，以碳黑为还原剂，在碳管炉中进行长时间的高温碳还原处理，其主要化学反应式为：

$$TiO_2 + B_2O_3 + C \longrightarrow TiB_2 + CO \uparrow$$

该方法的主要缺点是合成产品碳含量较高，并且$TiB_2$晶粒粗大。

另外一种碳还原的方法是碳化硼法，它是以金属钛（或者氢化钛、碳化钛）与碳化硼反应生成$TiB_2$，其基本化学反应式为：

$$Ti(TiH_2 \text{ 或 } TiC) + B_4C + B_2O_3 \longrightarrow TiB_2 + CO \uparrow$$

在该反应过程中加入$B_2O_3$可以降低最终产品中碳化物的含量。也可以用金属氧化物在碳还原剂存在的条件下与$B_4C$反应生成硼化钛，即：

$$TiO_2 + B_4C + C \longrightarrow TiB_2 + CO \uparrow$$

反应在碳管炉中进行，炉内一般采用还原气氛或真空，合成温度一般为$1650\sim1900℃$，处理时间一般为$8\sim12h$。

这种工艺是工业化生产中应用较多的工艺。其主要缺点是获得的$TiB_2$粉末颗粒粗大，杂质含量较高。同时原料中需要$B_4C$，其制造成本亦不菲。

#### 4.3.1.3 气相沉积法

以 TiCl₄、BCl₃ 和氢气在 800~1000℃ 的条件下通过气相沉积工艺可以获得亚微米级的超细粉，并且在适当控制工艺条件的情况下，可以在很低的温度下得到 $TiB_2$ 的纤维（<400℃）。其基本化学反应式为：

$$TiCl_4 + 2BCl_3 + 5H_2 \longrightarrow TiB_2 + 5HCl$$

在上述反应中用金属钠代替 H₂ 可以得到另一种气相反应形式：

$$TiCl_4 + 2BCl_3 + 10Na \longrightarrow TiB_2 + 10NaCl$$

这个反应可以在常温下自发地进行，并且产生极高的温度，获得的 $TiB_2$ 颗粒分布均匀，仅为 6μm，并且是不团聚的纳米粉末。

#### 4.3.1.4 自蔓延高温合成方法

采用自蔓延高温合成技术最先合成的材料之一，就是 $TiB_2$ 陶瓷粉末，它是以高纯度的 B 与 Ti 或 TiH₂ 为原料，通过自蔓延高温合成过程而得到的。这种工艺合成的材料粉末具有高的纯度，可达 98%~99%，据认为是各种硼化物制备工艺中纯度最高的合成方法，但这种合成工艺过程中温度很高（大于 3000℃），因此粉末粒度较粗并有部分形成硬团聚体。同时，由于采用的原料是纯硼和钛，其制造成本是相当高昂的，一般可达 120 美元/kg。

另外一种值得研究和开发的 SHS 工艺被称作是还原 SHS 工艺，它是俄罗斯科学院结构宏观动力学研究所为了开发具有工业生产价值的 SHS 工艺而在 20 世纪 70 年代末发展起来的。它采用价格便宜且又易于得到的天然矿物来替代单一元素进行 SHS 合成，经过后期处理和加工后而得到指定的合成产品。对于 $TiB_2$ 的制备，选定材料包括 B₂O₃、TiO₂、Al(Mg)。美国先进工程材料公司采用这种工艺，还开始商品化生产 $TiB_2$ 及其复合材料。据称这种工艺可得到纯度极高的亚微米级 $TiB_2$ 粉末，但详细的情况还未见报道。

### 4.3.2 TiB₂ 单相陶瓷及其制取

尽管 $TiB_2$ 具有很好的性能特征，但是由于这种材料差的烧结性为材料制备带来了极大的困难。同时，$TiB_2$ 常温脆性和较低的强度亦阻碍了这类材料的实际应用。

对于单相 $TiB_2$ 陶瓷的研究主要集中在研究烧结致密化工艺、最佳烧结助剂的选择、材料显微结构对材料性能的影响等方面。大量的研究表明，采用无压烧结工艺来获得相对密度大于 95% 以上的 $TiB_2$ 材料几乎是不可能的。在 2400℃ 温度下烧结 60min，其相对密度仅为 91%。从烧结过程的特点来看，在烧结初期，其相对密度随保温时间线性增加。但当烧结温度达到一定温度时，材料密度不再变化，并且材料致密度与初始原料的粒度无关。这时，材料挥发速度与致密化速度达到平衡。由于烧结过程中存在蒸发-凝聚机制，材料最终的孔隙率在某些区域甚至大于初始孔隙率。

Kislyi 等人对 $TiB_2$ 烧结过程动力学研究表明，在低温情况下，$TiB_2$ 烧结受表面扩散控制，而在较高的烧结温度下（高于 1800℃）则蒸发-凝聚机制起主要作用。

$TiB_2$ 烧结助剂主要选择了各种金属助烧剂。对烧结过程的影响研究认为，过渡金属 Co、Ni 和 Cr 对 $TiB_2$ 的烧结有影响，最有效果的烧结助剂是 Cr。Sunggi 和 Baik 等人研究了氧含量对 $TiB_2$ 陶瓷无压烧结的影响。结果表明，采用亚微米级的 $TiB_2$，材料的密度最高也仅达到 92.2%（4.15g/cm³）。并且，氧含量的高低直接影响到 $TiB_2$ 晶粒的大小。由于 $TiB_2$ 粉末中的氧是以 $B_2O_3$ 或 $TiO_2$ 的形式存在的，在烧结过程中氧化物通过改变表面扩散系数来加快 $TiB_2$ 的晶粒生长，从而引起晶体的异常生长。

热压烧结工艺是获得致密的陶瓷材料的有效手段。美国橡树岭国家实验室的研究结果表明，采用热压工艺在 1800℃ 条件下保温 2h，可以获得相对密度 97% 以上的 $TiB_2$ 材料。但氧含量对材料的烧结影响很大。通过在 $TiB_2$ 粉末中掺加还原剂碳，可有效地消除氧对烧结的影响，并且控制晶粒的异常长大，从而获得致密的晶粒细小的 $TiB_2$ 烧结体。因此，获得高度致密的 $TiB_2$ 陶瓷材料的先决条件是高纯度的 $TiB_2$ 粉末的制备。

在热压烧结中，为了降低纯 $TiB_2$ 的烧结温度，可将各种金属添加剂作为助烧剂加入到 $TiB_2$ 粉末中。助烧剂的加入极大地降低了烧结温度，并且可以获得接近理论密度的 $TiB_2$ 样品。这主要是因为助烧剂是一些低熔点的金属，在烧结过程中出现液相，使 $TiB_2$ 的烧结机理由固相烧结变为液相烧结，这不仅有利于材料的致密化，同时也可获得细晶组织结构。助烧剂主要选择一些过渡金属粉末。研究表明，金属 Ni 是比较有希望的助烧剂之一。掺入 1.5%（质量分数）Ni 的 $TiB_2$ 材料不仅可以在 1425℃ 的温度下热压而获得 99% 以上的密度，而且其机械强度亦明显提高。过渡金属硼化物如 $W_2B_5$、CoB、$NbB_2$ 等亦可作为 $TiB_2$ 的烧结助剂。有关的研究表明，硼化物助烧剂的增加可以显著地提高材料的力学性能。

在材料显微结构研究方面，氧含量及各种杂质元素对材料组织与结构的影响、$TiB_2$ 晶粒大小对材料性能的影响是研究的主要方面。氧含量直接影响烧结体中 $TiB_2$ 晶粒大小，并且限制了材料获得高的致密度。$TiB_2$ 陶瓷的力学性能对晶粒大小非常敏感，随着 $TiB_2$ 晶粒长大，材料的力学性能明显下降。

其主要原因是 TiB₂ 是非等轴晶系，线膨胀系数各向异性，在烧结冷却的过程中 TiB₂ 产生极大的残余应力，并且随着晶粒的增大，残余应力增加很快，导致大量的微裂纹。研究表明，对纯 TiB₂ 陶瓷而言，晶粒尺寸大于 $15\mu m$ 时，微裂纹大量出现，力学性能劣化。

### 4.3.3  TiB₂-金属复合材料

TiB₂ 高的硬度、高的弹性模量、优良的耐磨性等优点使其成为制备金属陶瓷复合材料的最佳增强剂候选材料，但由于这种材料与多种金属润湿性不良并且对熔融金属表现出高度活性，因此与 TiC、WC 等碳化物陶瓷相比硼化钛金属复合材料的研究和应用尚未广泛开展。

近十几年来，世界各国都在加紧研究和开发硼化物基陶瓷-金属复合材料。要获得具有稳定性能的复合材料，必须选择处于热力学稳定状态的陶瓷-金属体系。研究表明，TiB₂ 是所有硼化物中与金属反应性最稳定的，因此，TiB₂ 基金属复合材料最具开发价值。

最早研究的 TiB₂ 金属复合材料是 TiB₂-Cr。1952 年，Nelson 发表了无压烧结 TiB₂-30Cr 复合材料的研究报告，在 1927℃氢气环境下，烧结半小时，可以得到多孔的 TiB₂-Cr 复合材料。这种材料具有良好的抗氧化性，在 1039℃空气中增重速率为 $0.4mg/(cm^2 \cdot h)$。Tangermans 等人认为，在氩气氛环境中可能会更有利于 TiB₂-Cr 系统的烧结，并在 1650℃氩气氛中获得了更加致密的 TiB₂-Cr 复合材料，但材料表现出极大的脆性。无压烧结过程中极高的烧结温度（大于 1900℃）是造成材料多孔的主要原因，因为在这种温度下绝大多数金属都会快速地气化而留下孔隙。

Funke 等人研究了 TiB₂-Fe 复合材料，在氩气氛环境 1700~2000℃条件下，可以获得完全致密的 TiB₂-Fe 复合材料，并且材料硬度随着铁含量增加而降低，但强度增加，铁在烧结过程中的挥发因为有氩气氛的存在而被限制。氩气氛烧结有助于 TiB₂-Fe 材料的致密化。

Kim Weon-Ju 等人认为，采用单一的气氛烧结不利于材料的致密化，其主要原因是在真空条件下烧结，液相会大量气化和蒸发，而在气氛中烧结又有部分气体被包裹。采用二步烧结法是获得高致密 TiB₂-金属复合材料可行的方法。对 TiB₂-Ni 的二步烧结研究表明：在 1600℃真空条件下烧结 1h 后通入氩气在 1700℃条件下再烧结 1h，可以获得 99% 以上的相对密度。但这种材料的力学性能没有报道。

尽管采用无压烧结技术可以得到高致密的 TiB₂-金属复合材料，但材料的力学性能尚不理想，其主要原因是制备过程中烧结温度过高引起晶粒异常长大所致。

为了进一步提高 $TiB_2$-金属复合材料的力学性能，各种先进的制备工艺被用于制造高性能的 $TiB_2$-金属复合材料。

Fu Zhenyi 等人以 Ti、B 为原料掺加金属相铁，采用自蔓延高温合成结合快速压制工艺（SHS/QP）研制了 $TiB_2$-Fe 复合材料，结果表明这种工艺可以获得硬度均匀（92～93HRA）、强度高的 $TiB_2$ 复合材料，并且制备过程简单快捷。P. Angelini 等人利用真空热压烧结技术获得了不同粒径的 $TiB_2$-Ni 复合材料，并且发现，当镍含量过大时，会出现力学性能劣化现象，认为是由于脆性金属 $Ni_3B$ 形成连续结构造成的。通过细化复合材料中 $TiB_2$ 的晶粒尺寸，可以使材料的力学性能大幅提高，当 $TiB_2$ 晶粒尺寸为 $5\mu m$ 左右时，$TiB_2$-Ni 材料的机械强度可达 800MPa，硬度为 92～93HRA。傅正义等人在研究 SHS 工艺制备 $TiB_2$-Al 复合材料时发现，随着铝含量的增加，$TiB_2$ 晶粒尺寸显著减小，通过适当控制，可获得纳米级 $TiB_2$ 增强铝基复合材料。

对 $TiB_2$-金属复合材料的研究尚不充分，有关的文献较少，从工艺上来看要获得高致密度、力学性能优良的 $TiB_2$-金属复合材料，比较理想的工艺条件是加压烧结工艺。从金属相的选择来看，几乎所有的研究文献均利用单一金属，我们认为选择合适的合金元素强化金属相并改善金属相与 $TiB_2$ 的润湿性，是进一步提高 $TiB_2$-金属复合材料综合性能的有效手段。

### 4.3.4　$TiB_2$-陶瓷复合材料

现代工业及高技术的发展，对新材料的要求越来越高，高强、高韧、超硬、耐高温、耐磨、耐腐蚀等特性是现代工业应用领域对材料的新要求，单一组分的材料已经难以满足严酷的应用条件。大量基础研究和材料设计科学的发展使材料复合新技术和新思想层出不穷，多相材料的复合亦使材料的综合性能得到极大的提高。

单相 $TiB_2$ 材料尽管有高的硬度、良好的电性能，但其低的强度和韧性是这种材料的一大弱点，虽然 $TiB_2$-金属复合材料可以极大地提高材料的强度和韧性，但其硬度和高温性能亦会大幅度下降。材料设计的观点认为，通过掺加陶瓷第二相，制备 $TiB_2$-陶瓷复合材料，可以在保持材料硬度及耐高温特性的前提下有效地提高材料的强度和韧性。

在 $TiB_2$ 基体中加入第二相增强粒子构成二相复合材料，这是最常用的复合方法，其工艺简单，材料的显微结构易于控制。目前对 $TiB_2$ 基复合材料研究中，研究较多的体系有 $TiB_2-TiC$、$TiB_2-SiC$、$TiB_2-MoSi_2$、$TiB-Al_2O_3$、$TiB_2-BN$ 等。

Kyuichi 等人采用燃烧合成工艺以 Ti、B、BN 为原料制备了 TiB-TiN 复合材料，其主要化学反应是：$Ti+B+BN \rightarrow xTiN+(1-x)\ TiB_2$，其中 $x$ 可从 0.1~0.6 调整，耐腐蚀研究表明，在盐酸和硝酸中，其耐腐蚀的能力大为提高。

寻找合适的第二相掺加体是 $TiB_2-$陶瓷复合材料的主要研究方向，Isaok 认为，既然 $Al_2O_3-TiC$ 复合材料具有较优的综合力学性能，而 $TiB_2$ 比 TiC 具有更优的力学性能，那么 $Al_2O_3-TiB_2$ 复合材料应当具有更好的性能，初步的研究证明，其硬度和强度优于 $TiC-Al_2O_3$，有希望成为新一代的切削刀具材料。$TiC-TiB_2$ 复合材料被认为是另一类有希望的复合材料，研究表明，$TiC-TiB_2$ 在 2500℃ 左右可以形成低共熔物，在 1600~1700℃ 左右烧结，可以得到完全致密的复合材料；同时，这类材料的界面组合亦十分理想，可形成关联或半关联相界，对材料韧性提高十分有利。SIC 颗粒均匀弥散增强的 $TiB_2$ 复合材料可以大幅度地提高 $TiB_2$ 材料的断裂韧性，但材料强度不高，这种材料的另一特点是耐氧化能力大大提高。为了提高 $TiB_2$ 材料的耐热冲击能力，BN 被作为第二相材料加入到 $TiB_2$ 中，这种复合材料不仅具有极优的抗热震性，而且耐熔融金属腐蚀，已成为一种新型的蒸发源坩埚材料。

材料的多相复合有可能产生性能更优的复合材料。法国国立矿业学院的 Mestral 等人采用数学模拟的方法建立了陶瓷材料的性能图，用于预测材料的最佳组分与性能的关系。对 $TiB_2-TiC-SiC$ 三元系统的预测表明，其理论弯曲强度可达 1080MPa，断裂韧性可达 $6.7MPa \cdot m^{1/2}$。这与实验研究结果有较好的一致性。$B_4C$ 和 $W_2B_5$ 加入到 $TiB_2$ 基体中，形成的 $TiB_2-B_4C-W_2B_5$ 复合材料，其维氏硬度、材料强度及断裂韧性均优于 $TiB_2$ 基本材料，是最有希望代替金刚石和 CBN 的超硬复合材料。C. T. Ho 等人研究了 $TiB_2-TiC-Mullite$ 复合材料，结果发现，这种材料可在较低的温度下烧结，1500℃ 左右热压可得致密的复合材料，但其力学性能与 $TiB_2$ 基体相比，提高不多。

## 4.4 硼化钛金属陶瓷

### 4.4.1 热压烧结制取硼化钛陶瓷

硼化物陶瓷是一类具有特殊物理性能与化学性能的陶瓷。由于它具有极高的熔点、高的化学稳定性、高的硬度和优异的耐磨性而被作为硬质工具材料、磨料、合金添加剂及耐磨部件等，由此得到广泛应用。同时，这类材料又具有优良的电性能，可作为惰性电极材料及高温电工材料而引人注目。近几十年来，世界各国都在加紧研究开发硼化物陶瓷及其复合材料。在硼化物陶瓷材料中，$TiB_2$ 具有许多优良性能，如熔点高、硬度高、化学稳定性好、抗腐蚀性能好，可广泛应用在耐高温件、耐磨件、耐腐蚀件以及其他特殊要求零件上。相对其他陶瓷材料而言，$TiB_2$ 由于性能特别优异而被称为最有希望得到广泛应用的硼化物陶瓷。

但是，由于 $TiB_2$ 的白扩散系数低、烧结性能差、难以获得高致密材料，限制了它的应用。为此，材料工作者尝试了很多方法，主要有两个方面：首先是采用各种先进的材料致密化制备技术，如热压、放电等离子烧结等。此外，为了获得某一方面的特殊性能，优化硼化钛的使用性能，也可以通过研究新的复合材料体系改善陶瓷的性能。目前一般采用热压烧结制备 $TiB_2$ 材料。对于难以烧结的 $TiB_2$ 陶瓷，添加烧结助剂是改善其烧结性能的一个重要手段。

近年来，$TiB_2$ 陶瓷的热压烧结研究已经取得了一定的成果，研究了采用不同作用机理的添加剂来促进陶瓷烧结致密化。研究初期，人们往往加入金属添加剂，通过烧结过程中生成的液相使得烧结由固相烧结变为液相烧结，从而明显降低烧结的温度，但是，在晶界处残留的液相又会影响 $TiB_2$ 陶瓷的高温使用性能和抗烧蚀性能，因此这类添加剂已不常用。后来的研究中，人们发现同时使用几种金属添加剂，烧结性能和材料的使用性能都能明显改善，而作用机理还在进一步研究中。

除了金属添加剂，另一种改善烧结的添加剂的作用机理是通过去除 $TiB_2$ 表面残留的氧化物（$TiO_2$、$B_2O_3$）而改善烧结，氧化物对烧结的阻碍作用也是人们一直在研究的课题。目前常用的烧结助剂 SiC、AlN、$Si_3N_4$ 等都能通过与 $TiB_2$、$B_2O_3$ 反应，形成中间液相，得到致密的 $TiB_2$ 烧结体。$MoSi_2$、$TaSi_2$、$ZrSi_2$ 等烧结助剂，则能在烧结过程中与氧化物杂质形成低温液相促进烧结，同时具有高温下的延展性，有利于颗粒在压力作用下重排而消除气孔。

由于以上的添加剂都是形成不同程度的液相或者固溶体促进致密化，一定程度上降低了 $TiB_2$ 的使用性能，限制了 $TiB_2$ 陶瓷的广泛应用。本研究尝试引入了与氧化物反应后能生成基体 $TiB_2$ 的添加剂，研究了它们促进烧结的不同机理。其中，$B_4C$ 和 C 是与氧化物反应，而再引入 Ti 后则是在烧结过程中发生原位反应来促进烧结，还原反应和原位反应的产物为 $TiB_2$ 或性质相似的 TiC，没有引入其他杂质，对此有很高的研究价值，目前还没有文献报道这一方法的引用。

TiB$_2$ 的性能见表 4-3。

**表 4-3　TiB$_2$ 的性能**

| 密度/g·cm$^{-3}$ | 熔点/℃ | 弹性模量/Pa | 泊松比 | 莫氏硬度 |
|---|---|---|---|---|
| 4.53 | 3225 | 5.30×10$^5$ | 0.18~0.20 | 9.5 |
| 线膨胀系数/℃$^{-1}$ (25℃/1000℃) | 电阻率/Ω·cm (25℃/1000℃) | 弯曲强度/MPa (25℃/1000℃) | 热导率/W·(m·K)$^{-1}$ (25℃/1000℃) | 断裂韧性 /MPa·m$^{1/2}$ |
| 4.6×10$^{-6}$ | 10$^{-5}$/10$^{-4}$ | 400/459 | 96/78.1 | 6.20 |

TiB$_2$ 的其他物性如下：

（1）TiB$_2$ 的导电性。TiB$_2$ 最突出的优点是具有良好的导电性，具有像金属一样的电子导电性以及正的电阻率温度系数，而且优于金属 Ti 的导电性。常温下，它的电阻几乎可以与 Cu 相比，这使得它能够弥补大部分陶瓷材料的不足，是一种重要的电子陶瓷材料。TiB$_2$ 优良的导电及力学性能为其在导电材料中的应用开辟了一条新途径。例如，用铜或铜合金作芯，外包镍基陶瓷涂层形成的复合导电材料性能优越；TiB$_2$ 覆盖层可用于导电玻璃；TiB$_2$ 增强铜合金用于电焊；含 TiB$_2$ 涂层的导电棒用于工业生产；TiB$_2$ 导电橡胶比传统的银导电橡胶更加经济、耐用等。利用 TiB$_2$ 的导电及耐磨性可得到性能优良的电接触或电摩擦功能材料。例如，将覆盖铜与 TiB$_2$ 的复合颗粒用于电接触材料的生产；铜与 TiB$_2$ 纤维组成的复合材料用来制造集成电路片，寿命提高 10 倍以上；Ag-TiB$_2$ 复合材料作电接触材料比传统的 Ag-W 复合材料优越等。这方面做的工作很多，表明 TiB$_2$ 有希望成为电接触或电摩擦材料中的优选陶瓷材料。TiB$_2$ 是性能优良的金属导电陶瓷材料，因而用它作电阻材料也大有潜力。有关文献报道了 TiB$_2$ 在透明导电材料中被用作电阻阻挡层，通过掺入不同含量的 TiB$_2$ 来调整材料电阻率的功能导电陶瓷；用 TiB$_2$ 制备高稳定性、高精度电阻器；半导体上沉积 TiB$_2$ 与 TiSi$_2$ 膜用作高值绝缘材料等。另外，TiB$_2$ 沉积层还可以用在集成电路中作隔离层或在液晶显示器件中作隔离层。

（2）TiB$_2$ 的抗氧化性。TiB$_2$ 具有良好的抗氧化性。据有关研究报道，120℃时在 TG 中测定，TiB$_2$ 粉无增重现象。在 120~450℃ 范围内，TG 中测定有轻微增重现象，在此温度范围内多次循环，再无增重现象发生。说明在较低温度下（120~450℃），TiB$_2$ 的表面已形成了一层氧化保护膜，避免了材料内部继续氧化，因而具有较好的抗氧化能力。温度超过 900~1000℃后，TiB$_2$ 剧烈氧化。根据 DAT-TG 和 XRD 的分析结果可以推定，TiB$_2$ 在 450℃

左右开始氧化分解，其反应机理是：

$$TiB_2 + 5/2O_2 \longrightarrow TiO_2 + B_2O_3$$
$$TiB_2 + 9/4O_2 \longrightarrow TiBO_3 + 1/2B_2O_3$$
$$TiB_2 + 7/4O_2 \longrightarrow TiO_2 + 1/2B_2O_3$$

氧化分解产物中 $B_2O_3$ 熔点较低（450℃），熔融的 $B_2O_3$ 可以在表面形成一层保护膜，避免材料内部继续氧化，使 $TiB_2$ 具有较好的抗氧化能力。但在1000℃以上，由于 $B_2O_3$ 的蒸发，氧化会加速。

### 4.4.2 $TiB_2$ 陶瓷的应用

$TiB_2$ 的许多优良性能使其用途十分广阔。在结构材料方面，可用于金属挤压模、喷砂嘴、密封元件、金属切削工具等；同时可作为各种复合材料的添加剂，例如，采用 $TiB_2$ 颗粒强化的砷合金广泛应用于航空、汽车等行业的结构部件，与传统的钛合金相比，这种材料的刚性和强度都有大幅度的提高。在功能材料方面，$TiB_2$ 是一种典型的半导体材料，可以作为新的发热体使用，比传统的 SiC 和 $MoSi_2$ 发热体具有更佳的效果，且使用温度可达1800℃以上，并适用于还原气氛。$TiB_2$ 的半导体性也可以用于制造 PTC 材料。采用有机材料作为基体，掺入 50%～70% 的 $TiB_2$ 粉末，可以制成柔性PTC 材料。$TiB_2$ 材料也是在塑料薄膜上制作真空镀铝的蒸发皿材料的组成部分。$TiB_2$ 可做成电解槽阴极涂层。美国 Kaiser 公司研究结果表明，与普通电解槽相比，$TiB_2$ 阴极电解槽生产率提高 20%～30%，电耗降低 20%～25%，阴极电流分布均匀，电解槽使用寿命延长 3～5 年。

$TiB_2$ 陶瓷材料具有耐高温、耐磨损和重量轻等一系列优良的性能，但它也与其他陶瓷材料一样，由于其致命的弱点——脆性，而限制其优良性能的发挥，因此也限制了它的实际应用。同时，由于 $TiB_2$ 自扩散系数低，烧结性能差，难以获得高致密材料，一般采用热压烧结制备 $TiB_2$ 材料。为此，材料工作者尝试了很多方法，主要有两方面，首先要应用先进的致密化制备方法；另外，为了获得某一方面的特殊性能，改善和优化 $TiB_2$ 的使用性能，也需要研究新的复合体系。

### 4.4.3 $TiB_2$ 粉体的制取

获得高度致密的 $TiB_2$ 陶瓷材料的先决条件是高纯度的 $TiB_2$ 粉末的制备。$TiB_2$ 粉末的制备方法主要有固相反应法、化学气相沉积法、熔融电解法、溶胶-凝胶法等，虽然各种方法都有自己的优点，但也存在很大的不足。目前，制备高纯度、低成本、可大规模工业化生产 $TiB_2$ 的技术仍是各国工业界和科技界广泛研究的课题。

#### 4.4.3.1 固相反应法

用固相反应法制取 $TiB_2$ 时，可采用金属 Ti、TiC/TiN 或 $TiO_2$ 等作 Ti 源，以 B 粉、$B_4C$、BN 等作 B 源。固相反应法又包括直接合成法、碳热还原法、高温自蔓延法等。

##### A 直接合成法

直接合成法是用金属钛和硼直接反应合成二硼化钛。该反应是个放热反应，所需温度不高，反应条件较易控制，且产物二硼化钛纯度较高。H. Itoh 采用 Ti 粉和无定形 B 粉为原料，在 Ar 气氛下加热到 800~900℃ 时，得到很高的 $TiB_2$ 生成率。但是金属钛和硼价格昂贵，不适合于工业化批量生产。

##### B 碳热还原法

碳热还原法是以钛和硼的氧化物为原料，炭黑为还原剂，在碳管炉中进行长时间的高温碳化处理，其基本化学方程式为：

$$TiO_2 + B_2O_3 + 5C \longrightarrow TiB_2 + 5CO$$

该方法具有原料价廉、成本低等优点，但其反应所需温度很高，且 $B_2O_3$ 挥发损耗严重，产品中碳含量较高，质量不够稳定，所得 $TiB_2$ 晶粒粗大。王兆文等采用氧化硼法，在原料配比为 $TiO_2$：$B_2O_3$：C = 8：8.4：6、$B_2O_3$ 过量 20% 的条件下于碳管炉中 1750℃ 烧结，得到了 86.3% 的 $TiB_2$。

另一种碳热还原的方法是碳化硼法，它以金属钛与碳化硼（$B_4C$）反应生成 $TiB_2$，其基本化学方程式为：

$$2TiO_2 + B_4C + 3C \longrightarrow 2TiB_2 + 4CO$$

这是工业化生产中应用较多的工艺。其优点是碳成本低且来源丰富，硼含量高，反应制得的 $TiB_2$ 纯度较高；其主要缺点是反应温度高，致使 $TiB_2$ 粉末颗粒粗大，同时原料中所需的 $B_4C$ 制造成本比较高。周书助等用碳化硼法制备 $TiB_2$，他们在实验中指出，考虑到硼的氧化物高温挥发和吸收气氛中的部分碳，原料中的碳含量应控制在理论计算量的 95% 左右。而硼的配比要比理论计算配比高 1.0%~2.5%，否则难以获得理想当量比的 $TiB_2$ 粉末。实验最佳温度在 1700~1800℃。

##### C 高温自蔓延合成法

高温自蔓延合成法（SHS）的主要特点是利用高放热反应的能量使化学反应自动地持续下去，从而达到合成与制备材料的目的。由于 SHS 过程的自纯化作用，产物纯度高，获得的粉状物易于进一步烧结，外部能量消耗少，与某些特殊的技术手段结合，可以直接制备出密实的 $TiB_2$ 材料。

Hoke 等提出了用一个简单的方程来描述 $TiB_2$ 的 SHS 合成中的致密过程。在这个方程中包含有温度等参数，并以此为基础可计算出在采用 SHS 法合成 $TiB_2$ 时的屈服值为 300MPa（1800℃），激活能为 290kJ/mol。在 SHS 合成过程中添加适量的金属 Ni 将有助于降低 Ti 固化过程中的屈服应力。

#### 4.4.3.2 熔融电解法

熔融电解法适用于从天然原料直接获得大量的纯度较高的 $TiB_2$ 粉末，其基本原理是利用硼氧化物和钛氧化物在以 MgO、$MgF_2$ 或 CaO、$CaF_2$ 为助熔剂的条件下，通过低电压大电流熔融电解而得到。

利用这种方法生产的 $TiB_2$ 粉末，纯度一般可达95%左右，但粉末粒度较粗，粒度分布较广。另外，由于这种工艺中电流效率极低，因此生产成本昂贵。

### 4.4.4 $TiB_2$ 陶瓷的烧结

在陶瓷的烧结过程中，表面能的降低是烧结的驱动力。而在硼化物的烧结中，由于硼化物具有极高的熔点和强的共价键，烧结过程缺乏液相或气相传质过程，使得其烧结只能通过颗粒之间的直接接触进行固相间的物扩散，而仅靠成型的坯体中颗粒间的相互接触是远远不够的，烧结很难致密。

#### 4.4.4.1 固相烧结机理

根据 Cobble 的定义，固相烧结可分为三个阶段：烧结初期、烧结中期和烧结末期。初期包括一次颗粒间一定程度的界面形成，即颈部形成（颗粒间接触面积从零开始，增加到一个平衡状态）。烧结中期始于晶粒生长并伴随着晶粒间界面的广泛形成，此时气孔是相互连通的，但界面仍是孤立不连续的。在烧结后期，晶界开始形成连续的网络，气孔变成孤立的封闭气孔，晶粒开始长大。

在烧结过程中物质的传递一般以表面张力作动力，有时外加的压力和其他的物化因素也能起到推动这个进程的作用。通常物质致密化过程包含流动传质、扩散传质、气相传质、溶解-沉淀机制几种机理。

（1）流动传质：指在表面张力或外加压力作用下粒子发生变形、断裂，产生塑性流动引起物质的流动和颗粒重排。这种流动传质是烧结初期致密化的主要因素。

（2）扩散传质：它是指质点（或空位）借助于浓度梯度推动界面迁移的过程。扩散过程可以通过物体的表面（或界面）进行，也可以在内部进行，一般认为空位消失于颗粒表面或界面，不同的扩散途径对扩散系数的影响很大，一般晶界扩散比较容易进行。

（3）气相传质：即蒸发-冷凝机制。颗粒表面各处的曲率是不同的，表面各处蒸汽压的大小也各不相同，质点会从高能表面尖端蒸发，在低能颈部凝聚，这就是气相传质过程。这个过程并不能消除材料内部的孔隙，对致密化影响不大。

（4）溶解-沉淀机制：是在液相参与的烧结中出现的。其传质机理与气相传质类似，但对致密化有较大的影响。

#### 4.4.4.2 热压烧结

热压烧结通常是指物料在低于物相熔点的温度，在外力的作用下排除气孔、缩小体积、提高强度和致密度，逐渐变成坚固整体的过程。烧结过程，即材料不断致密化的过程，是通过物质的不断传递和迁移来实现的。热压烧结致密化与原始粉体的组成、大小、形貌密切相关。

热压烧结是目前采用最多的一种方法，它是将混合后的原料，利用高温高压同时进行烧结成型的方法。与其他烧结方法相比，它有以下几个优点：

（1）由于塑性流动而达到高密度，有可能得到近于理想密度的烧结体。

（2）由于在高温时加压，促进颗粒间的接触和加强扩散效果，随着烧结温度的升高，可缩短烧结时间。

（3）可控制晶粒长大，得到由微细晶粒构成的烧结体。

考虑到固相烧结本身的一些特性和各种致密化机制的作用，热压烧结的各个阶段，致密化的机制并不是单一的，而是多种机制在共同起作用。热压烧结的初始阶段，塑性流动和颗粒重排对致密化的贡献很大，这个阶段致密化速度在整个致密化过程中是最快的。随着烧结时间的增加，试样的变形空间受到了限制，外加的推力与材料进一步变形的阻力达到平衡，这时要进一步致密化就必须增大外加作用力或升高烧结温度。当材料进入烧结中后期时，如果烧结过程中没有液相出现，往往通过流动传质和扩散传质实现烧结。溶解-沉淀机制在液相参与的烧结中出现，传质机理与气相传质类似，对致密化有较大影响。

热压造成颗粒重排和塑性流动、晶界滑移、应变诱导孪晶、蠕变以及后阶段体积扩散与重结晶相结合被证实为物质迁移的机理。热压烧结将压力的影响和表面能一起作为烧结驱动力。热压烧结的致密化过程大致有三个连续过渡的阶段：

（1）微流动阶段：在热压初期，颗粒相对滑移、破碎和塑性变形，类似常压烧结的颗粒重排，颗粒带动气孔以正常速度移动，气孔保持在晶界上并迅速汇集。

此阶段致密化速率最大。其速率取决于粉末粒度、形状和材料的屈服强度。

（2）塑性流动阶段：在压力的作用下，晶粒塑性流动，晶粒表面的气孔迅速闭合，类似于常压烧结后期闭孔收缩阶段，该阶段致密化速率减慢。

（3）扩散阶段：在该阶段晶粒快速生长，晶粒间发生体扩散，导致气孔消失，孔隙率下降，趋近终点密度。

Wang 等研究了热压烧结温度和时间对 $TiB_2$ 制品的力学性能和显微结构的影响。他们认为，在热压烧结 $TiB_2$ 陶瓷时，随着烧结温度和烧结时间的增加，$TiB_2$ 颗粒迅速增长，与此同时，$TiB_2$ 制品的弯曲强度和断裂韧性则相应下降。为使坯体具有最佳的性能，应采用高温快速烧结的工艺。热压烧结温度和时间对 $TiB_2$ 晶粒的影响如图 4-3 所示。

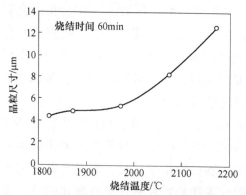

图 4-3 热压烧结温度和时间对 $TiB_2$ 晶粒的影响

虽然基于原料粉体的纯化以及粒径的减小，通过添加烧结助剂以及改进烧结方式，$TiB_2$ 结构陶瓷的热压烧结有了很大的发展，但是利用商业的 $TiB_2$ 粉体，热压烧结的温度仍然比较高，一般在 1800~2200℃ 范围内，压力一般高于 20MPa，甚至达到 50MPa，这种高温高压的烧结条件为材料的制备带来很大的限制，如何降低烧结温度，促进烧结致密化过程依然是材料制备中一个重要的研究内容。

#### 4.4.4.3 无压烧结

与热压烧结相比，无压烧结效率更高，制备和加工成本降低，是制备 $TiB_2$ 陶瓷材料最具实际意义的致密化方法之一。采用传统的粉末处理工艺，无压烧结能够得到大型、净尺寸和复杂形状的部件，但 $TiB_2$ 强的共价键以及表面氧化物杂质的存在易导致晶粒粗化，降低了烧结驱动力，另外由于工业化的原料粉体多为微米级，烧结活性低，因此 $TiB_2$ 的无压烧结致密化在很长一段时间里没有得到实质性的进展。

研究表明，采用无压烧结工艺来获得相对密度大于95%的 $TiB_2$ 材料几乎是不可能的，纯的不加任何烧结助剂的 $TiB_2$ 烧结温度高达 $2200 \sim 2300 ℃$，而如此高的烧结温度又会促使晶粒生长过大。在 $2400 ℃$ 下烧结 $60 min$，其相对密度仅为91%。对于无压烧结来说，提高烧结致密化主要基于两种途径：减小原始粉料粒径和采用合适的烧结助剂。而烧结助剂主要依靠在烧结过程中形成中间液相、固溶体或者与氧化物杂质发生反应来起作用。根据 SiC、$B_4C$ 以及 $ZrB_2$ 等非氧化物的无压烧结研究结果，通过适当的烧结助剂与原料表面的氧化物杂质作用都可以实现无压烧结。基于近来粉体合成工艺的发展，粉体的纯度以及超细化得到了很大的提高，美国密苏里大学罗拉分校的课题组在无压烧结 $ZrB_2$ 陶瓷方面做了大量工作。原料 $ZrB_2$ 颗粒的表面氧化物为 $ZrO_2$ 和 $B_2O_3$，由于 $B_2O_3$ 具有较低的熔点，可以在 $1650 ℃$ 之前的真空气氛下挥发，如果采用添加剂在 $1650 ℃$ 以下与 $ZrO_2$ 发生反应使含氧杂质以气态形式去除（如 $B_2O_3$、CO 等），可以使晶粒在致密化开始之前仍然保存原有颗粒尺寸和烧结活性。研究表明，对于 $TiB_2$ 来说，氧含量（质量分数）低于0.5%可以防止晶粒粗化，实现无压烧结。

Samonov 和 Kovalchenko 的研究结果表明，常压烧结 $TiB_2$ 可分为三个阶段：$1900 ℃$ 左右，由于烧结颈部的形成而稍微致密化；$1900 \sim 2100 ℃$ 之间无收缩；高于 $2100 ℃$，由于体积扩散和塑性流动而进一步致密化，同时伴随有过度的晶粒生长。由于蒸发-再凝聚与体积扩散机理之间相互竞争，尽管二者显示物质迁移速率相似，因而气相迁移反应更有利于降低活化性能。

从烧结过程的特点来看，在烧结初期，其相对密度随保温时间线性增加。但当烧结时间进一步延长时，材料密度不再变化，并且材料致密度与初始原料的粒度无关。这时，材料挥发速度与致密化速度达到平衡。由于烧结过程中存在蒸发-凝聚机制，材料最终的孔隙率在某些区域甚至大于初始孔隙率。Xlslyi 等人对 $TiB_2$ 烧结过程动力学研究表明，在低温情况下，$TiB_2$ 烧结受表面扩散控制，而在较高的烧结温度下（大于 $1800 ℃$）蒸发-凝聚机制起主要作用。

### 4.4.4.4 反应烧结

反应合成作为一种相对较新的方法可以同样用于制备 $TiB_2$ 陶瓷材料。反应烧结利用简单易得的原料之间的化学反应，在加热过程中原位形成热力学稳定的组成相，并直接烧结制备致密的陶瓷体。反应烧结技术具有如下优点：简化工艺、降低原材料成本、可获得清洁的基体/第二相界面、易于控制第二相数量和分布，并且采用原为合成技术制备的材料具有很好的热力学稳定性。

许多含硼化物的陶瓷材料可以通过使用含硼的反应物如 $B_4C$、BN 和 B 来制备，制备过程中涉及的反应均是对热力学有利且能释放出大量热量的反应，利用反应产生的热量可以降低烧结所需的温度。部分原料在高温下熔融产生的液相有利于原料颗粒之间的重排，促进了物质的迁移和原料中杂质氧的排除。原位产生的各相之间具有高的化学相容性，有利于提高材料的高温力学性能和抗腐蚀性能。Zhang 等通过 Si、$TiH_2$、$B_4C$ 之间的反应在 SiC 基体中原位合成了板状 $TiB_2$，有效地提高了 SiC 材料的韧性，并以 Ti、Al、Si、BN、$B_4C$ 为原料合成了 $TiB_2$-SiC-AlN、$TiB_2$-Ti（C，N）-SiC 等三元系统。结果表明反应烧结制备的材料具有显微结构精细、均质的特点，同时原料中引入的杂质如氧等可以通过生成 CO、$CO_2$ 等气体排出而产生自纯化效应，并能够通过控制反应过程实现晶须、板晶和纳米复合。

### 4.4.4.5　烧结添加剂

在 1950 年到 1997 年之间，研究者们做了大量的热压烧结研究，采用金属添加剂和液相烧结来改善烧结活性。近年来的研究方向再次集中在利用添加助剂并结合现代烧结技术实现烧结致密化上，增进了人们对硼化物陶瓷烧结的理解，并努力使第二相的添加含量达到最小值，因为第二相的存在对高温性能不利。

这些烧结添加剂大致可分为以下三类：

（1）Ni、Fe 等金属助烧剂，在其熔点以上成为液相并促进烧结，降低烧结温度。烧结过程中可能参与反应，作为第二相残留在晶界。这些晶界相在高温使用条件下将软化或形成液相，破坏材料的高温性能，并且晶界相易与氧发生作用，加速氧沿晶界向内扩散。

（2）$Si_3N_4$、AlN 等参与反应的助烧剂，与原料内的氧化物杂质反应，去除了影响烧结致密化的 $B_2O_3$ 层，形成中间液相，促进烧结致密，阻止晶粒长大。晶界相为 $ZrO_2$、BN 及 B-N-C-O-Si-Zr 玻璃相等，材料在 1500℃ 仍具有较好的力学性能。部分反应式如下：

$$3TiO_2(s) + Si_3N_4(s) \longrightarrow 3TiN(s) + 3SiO_2(s 或 l) + 0.5N_2(g)$$
$$2B_2O_3(l) + Si_3N_4(s) \longrightarrow 4BN(s) + 3SiO_2(s 或 l)$$
$$SiC + TiO_2 \longrightarrow TiC + SiO_2$$

（3）HfN 等具有超高温性能的助烧剂，与影响烧结的 $B_2O_3$ 层反应，促进烧结致密，无中间液相生成，但有固溶体生成并与各相有更好的相容性，因本身具有超高温性质，对材料的高温性能有利。

（4）硅化物如 $MoSi_2$、$TaSi_2$、$ZrSi_2$，能在烧结过程中与氧化物杂质形成低温液相促进烧结，同时具有高温下的延展性，有利于颗粒在压力作用下重排而消除气孔。

各种烧结助剂对烧结和材料力学性能的影响见表 4-4。

表 4-4　各种烧结助剂对烧结和材料力学性能的影响

| 组分（质量分数）/% | 烧结条件 | 相对密度/% | 组成 | 硬度/GPa | 断裂韧性/MPa·m$^{1/2}$ |
|---|---|---|---|---|---|
| $TiB_2$-0AlN | HP，1800℃，1h，30MPa，Ar | 89.0 | $TiB_2$ | 12.5 | 4.5 |
| $TiB_2$-2.5AlN | HP，1800℃，1h，30MPa，Ar | 94.0 | $TiB_2$、BN、TiN、$Al_2O_3$ | 16.1 | 5.0 |
| $TiB_2$-5.0AlN | HP，1800℃，1h，30MPa，Ar | 98.0 | $TiB_2$、BN、TiN、$Al_2O_3$ | 22.0 | 6.8 |
| $TiB_2$-10.0AlN | HP，1800℃，1h，30MPa，Ar | 88.5 | $TiB_2$、BN、TiN、$Al_2O_3$、AlN | 14.0 | 5.2 |
| $TiB_2$-20.0AlN | HP，1800℃，1h，30MPa，Ar | 87.5 | $TiB_2$、BN、TiN、$Al_2O_3$、AlN | 12.0 | 4.6 |
| $TiB_2$-0TaC | HP，2000℃，0.5h | 90.0 | AlN | — | — |
| $TiB_2$-1.0TaC | HP，2000℃，1h | 98.0 | — | — | — |
| $TiB_2$-5.0TaC | HP，2000℃，1h | 99.4 | $(Ti，Ta)B_2$、$(Ta，Ti)(C，N)$ | — | — |
| $TiB_2$-0Si$_3$N$_4$ | HP，1800℃，1h，Ar | 90.0 | $(Ti，Ta)B_2$、$(Ta，Ti)(C，N)$ | 23.0 | 5.8 |
| $TiB_2$-2.5Si$_3$N$_4$ | HP，1800℃，1h，Ar | 99.0 | — | 27.0 | 5.1 |
| $TiB_2$-5.0Si$_3$N$_4$ | HP，1800℃，1h，Ar | 97.5 | $TiB_2$、TiN、BN | 21.0 | 4.8 |

| 组分<br>（质量分数）/% | 烧结条件 | 相对<br>密度/% | 组成 | 硬度<br>/GPa | 断裂韧性<br>/MPa·m$^{1/2}$ |
|---|---|---|---|---|---|
| TiB$_2$-5.0Si$_3$N$_4$ | HP，2000℃，0.5h，<br>Ar | 86.0 | TiB$_2$、TiN、BN | — | — |
| TiB$_2$-10.0Si$_3$N$_4$ | HP，1800℃，1h，<br>Ar | 96.0 | — | 20.0 | 4.4 |
| TiB$_2$-0MoSi$_2$ | HP，1800℃，1h，<br>真空 | 97.5 | TiB$_2$、TiN、BN | 26 | 5.1 |
| TiB$_2$-10MoSi$_2$ | HP，1700℃，1h，<br>真空 | 99.3 | TiB$_2$ | 27 | 4.0 |
| TiB$_2$-10MoSi$_2$ | PS，1900℃，2h，<br>Ar+N$_2$ | 82.4 | TiB$_2$、MoSi$_2$、TiSi$_2$ | — | — |
| TiB$_2$-20MoSi$_2$ | HP，1700℃，1h，<br>真空 | 98.7 | — | 25 | 5.0 |
| TiB$_2$-20MoSi$_2$ | PS，1900℃，2h，<br>Ar+N$_2$ | 88.5 | TiB$_2$、MoSi$_2$、TiSi$_2$ | — | — |

### 4.4.4.6  项目主要研究内容

尽管 TiB$_2$ 陶瓷具有优良的综合性能，但是 TiB$_2$ 材料昂贵的制作成本以及较差的烧结性能为材料制备带来了极大的困难。本项目的目的在于通过热压烧结方法，制备具有均匀显微结构的 TiB$_2$ 陶瓷，通过添加不同的添加剂，研究 TiB$_2$ 的烧结机理。

通过加入不同作用机理的烧结助剂，对 TiB$_2$ 陶瓷材料的烧结性进行研究。首先，研究了氧含量对烧结的影响，对不同的还原助剂 B$_4$C、C 的作用机理作了分析。在 TiB$_2$ 的烧结中，氧含量的高低直接影响到烧结的致密性和晶粒的大小。TiB$_2$ 粉末中的氧是以 B$_2$O$_3$ 或 TiO$_2$ 的形式存在的，在烧结过程中氧化物通过改变表面扩散系数来加快 TiB$_2$ 晶粒的生长，从而引起晶体的异常生长，限制了材料获得高的致密度。通过添加 B$_4$C、C 烧结助剂，研究它们与 TiO$_2$ 和 B$_2$O 的反应机理，并比较与其他反应添加剂的不同。

其次，研究了原位反应的添加剂对 TiB$_2$ 烧结的影响。通过添加低温下可以反应的复合添加剂 TiFB、Ti/B$_4$C 和 Ti/C 为烧结助剂，利用烧结助剂之间的原位反应生成新的具有较好烧结活性的第二相粒子来促进 TiB$_2$ 陶瓷的烧结。研究采用这种方法所生成的第二相物质，从致密性和微观结构方面分析添加助剂对陶瓷烧结产生的影响。

A 实验方法

a 原料及球磨介质选择

本实验中使用的原料主要包括：硼化钛粉（$TiB_2$）、钛粉（Ti）、碳化硼（$B_4C$）、碳粉（C）、硼粉（B）等，其纯度和粒径等属性如表4-5所示。

表4-5 本实验所选用的原料粉体的参数及生产厂商

| 原料 | 纯度/% | 粒径/μm | 生产厂家 |
|---|---|---|---|
| $TiB_2$ 粉 | 99 | <10 | 丹东化工研究所有限责任公司 |
| Ti 粉 | 99 | <20 | 丹东化工研究所有限责任公司 |
| $B_4C$ 粉 | 99 | <2 | 牡丹江金刚钻碳化硼有限公司 |
| C | 99 | <2 | 上海胶体石墨厂 |
| B | 96 | <1 | 丹东化工研究所有限责任公司 |

b 原料准备

主要采用了两种不同的混料方式：

（1）辊式球磨机，转速200r/min，磨球为氮化硅（$Si_3N_4$）球，球料比为3:1，分散介质为无水乙醇，球磨12h或24h。

（2）行星球磨机（QM.ISP04，南京大学仪器厂），磨球为氮化硅（$Si_3N_4$）球，料球比为1:3，转速550r/min，分散介质为丙酮，球磨8h。

在行星球磨过程中由于转速很高，球体与粉末颗粒不断剧烈地碰撞以及粉末与粉末之间的研磨、切割作用下，粉末粒度在球磨过程中会显著变小，粒径的减小和内应变的存在使原料粉体具有更高的反应活性。相比之下，辊式球磨能量较低，原料磨细效果不明显，一般用于原料的混合。

样品球磨结束后倒入旋转蒸发器（R-202，上海申胜生物技术有限公司）中将混合料烘干，之后过200目筛即得到实验所需样品。图4-4为$TiB_2$材料烧结的工艺流程图。

图4-4 $TiB_2$材料烧结的工艺流程图

c 样品烧结

样品烧结采用热压烧结的方法，烧结模具选用石墨模具，直径20mm，装料前磨具表面涂有一层氮化硼，并垫有一层石墨纸。将模具放入热压炉（ZT-60-22Y，真空热压炉，上海晨华电炉有限公司）中，将炉内真空抽至约5Pa时开始按照设定程序升温，升温速度为10℃/min。烧结过程中，1600℃以下为真空加热，高于1600℃后通入Ar气气氛，Kim Weon-ju等人认为，采用单一的气氛烧结不利于材料的致密化。其主要原因是在真空条件下烧结，存在液相的大量气化，而在气氛中烧结又有部分气体被包裹。

升温结束后，在烧结温度保温1h，同时施加30MPa的压力。保温结束进入降温阶段后立即卸掉压头的压力。升温和加压设定曲线随时间的变化如图4-5所示。如无特别说明，反应热压过程中一般在1500℃保温0.5h以确保反应完全。

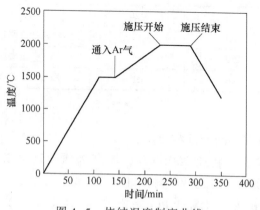

图4-5 烧结温度制度曲线

d 试样加工

将烧结后的样品在磨床上进行粗磨，去除表面的BN和石墨纸，之后进行密度测量。采用线切割将粗磨后的样品切割，将切好的样品在抛光机（UNIPOL-802，沈阳科晶自动化设备有限公司）上经过300~3000号金刚砂细磨和精磨、倒角后用1μm的抛光膏抛光，在超声槽中超声5min，以去除表面附着的抛光膏，然后进行力学性能测试和扫描电镜观察。

B 测试和性能表征

a 样品密度、气孔率的测定

材料的体积密度采用阿基米德排水法测定，计算公式为：

$$\rho_{测} = \frac{m_1 \rho_水}{m_3 - m_2} \tag{4-1}$$

式中 $\rho_{测}$——实际测量的样品密度，g/cm³；

$\rho_水$——介质密度（采用蒸馏水，密度取1.0g/cm³）；

$m_1$——干燥样品在空气中的质量，g；

$m_2$——试样充分吸水后在水中的浸重，g；

$m_3$——试样充分吸水后在空气中的质量，g。

将粗磨后的试样在蒸馏水中煮 2h，测其浸在水中的质量 $m_2$；用湿纸巾将试样表面的水分拭去，测量其充分吸水后在空气中的质量 $m_3$；将试样烘干，测量其干重 $m_1$。

根据式（4-2）计算两相或多相材料的理论密度（g/cm³）：

$$\rho_{理} = \sum \rho_i V_i \tag{4-2}$$

式中 $\rho_i$——各相的理论密度，g/cm³；

$V_i$——各相的体积分数，%。

材料的相对密度为实测的体积密度与样品的理论密度的比值：

$$\rho_{rd} = \frac{\rho_{测}}{\rho_{理}} \tag{4-3}$$

材料气孔率的计算公式为：

$$P = \frac{M_s - M_g}{M_s - M_f} \times 100\% \tag{4-4}$$

式中 $M_s$——试样充分吸水后在空气中的质量，g；

$M_g$——试样完全干燥后在空气中的质量，g；

$M_f$——试样完全吸水后在水中悬浮的质量，g。

b 常温力学性能的测试

材料的维氏硬度和断裂韧性在 INSTRON Wilson-Wolpert Tukon 2100B 型维氏硬度计上测定，载荷为 50N，加载时间为 10s。每种试样测试五个点取平均值。

维氏硬度的计算公式为：

$$HV = \frac{2P\sin\alpha}{\left(\dfrac{d_1 + d_2}{2}\right)^2} = 1.8544 \frac{P}{\left(\dfrac{d_1 + d_2}{2}\right)^2} \tag{4-5}$$

式中 HV——材料的维氏硬度值，N/mm²；

$P$——实验载荷，N；

$\alpha$——压头两端面向对面夹角，$\dfrac{136°}{2}$；

$d_1$，$d_2$——分别为两条对角线的长度，mm。

样品的断裂韧性采用压痕法测量，压头为相对两面夹角为 136° 的金刚石四棱锥压头，测量时载荷为 50N，保压时间为 10s。在显微镜下测量压痕对

角线长度 $b_1$ 和 $b_2$，求出平均值 $b = \dfrac{b_1 + b_2}{2}$，然后根据式（4-6）即可求出材料的断裂韧性值：

$$K_{IC} = P(\pi b)^{-3/2}(\tan\beta)^{-1} \tag{4-6}$$

式中　$P$——载荷，N；

　　　$b$——裂纹平均长度，mm；

　　　$\beta$——夹角，取 68°。

室温三点抗弯强度 $\sigma_{rt}$ 和弹性模量 $E$ 在万能材料试验机（INSTRON-5566型，美国）上测得。试样经过切割（2mm×1.5～25mm）、800 目粗磨、倒角后，将受力面进一步细磨并抛光。测试的跨距为 20mm，压头的移动速度为 0.5mm/min。抗弯强度的计算公式为：

$$\sigma_{rt} = \frac{3PL}{2BH^2} \tag{4-7}$$

式中　$P$——临界载荷，N；

　　　$L$——跨距，mm；

　　　$B$——试样宽度，mm；

　　　$H$——试样厚度，mm。

弹性模量的计算公式为：

$$E = \frac{L^3(P_2 - P_1)}{4BH^3(Y_{t2} - Y_{t1})} \tag{4-8}$$

式中　$P_1$，$P_2$——分别为材料在线性范围内加载的初载荷和末载荷，N；

　　　$L$——跨距，mm；

　　　$B$——试样宽度，mm；

　　　$H$——试样厚度，mm；

　　　$Y_{t1}$，$Y_{t2}$——分别为在载荷 $P_1$、$P_2$ 时对应的加载点的挠度，mm。

　c　显微结构与相组成分析

XRD：粉体样品采用 Guinier-Haigg Camera（XDC1000，Guinier-Haigg，瑞典）检测，CuKal=15.15405981nm。块体样品采用 X 射线衍射仪（XRD；D/Max-2250V，Rigaku，Tokyo，日本）检测。

SEM：扫描电子显微镜（SEM，Hitachi S-570，Japan）、能量分散谱仪（EDS，JXA-8100F，日本）。

氧含量：氮/氧分析仪（Nitrogen/Oxygen Determinator TC600，Leco Corporation，St. Joseph，MI，美国）。

### 4.4.4.7 以 $B_4C$、C 为烧结助剂的 $TiB_2$ 陶瓷的热压烧结

A 总论

尽管 $TiB_2$ 有前面所述的一系列优异性能，但迄今为止，$TiB_2$ 制品的应用仍然受到很大的制约，其原因就在于难以获得致密的 $TiB_2$ 制品。$TiB_2$ 晶体结构中，在离子键与共价键的共同作用下，$Ti^+$ 与 $B^-$ 在烧结过程中均难以发生迁移，使得 $TiB_2$ 的原子自扩散系数很低，烧结性很差。而且 $TiB_2$ 的难烧结性，除了结构特点以外，还由于在 $TiB_2$ 粉末的表面有一层薄的富氧层（$TiO_2$）存在，这对于 $TiB_2$ 烧结致密化非常不利。

$TiB_2$ 粉末中的氧是以 $B_2O_3$ 或 $TiO_2$ 的形式存在的，在烧结过程中氧化物通过改变表面扩散系数来加快 $TiB_2$ 晶粒生长，从而引起晶体的异常生长，限制了材料获得高的致密度。$TiB_2$ 陶瓷的力学性能对晶粒大小非常敏感，随着 $TiB_2$ 晶粒长大，材料的力学性能明显下降。其主要原因是 $TiB_2$ 是非等轴晶系，线膨胀系数存在各向异性，在烧结冷却的过程中 $TiB_2$ 产生极大的残余应力，并且随着晶粒的增大，残余应力增加很快，导致大量的微裂纹生成。对纯 $TiB_2$ 陶瓷而言，晶粒尺寸大于 $15\mu m$ 时，微裂纹大量出现，力学性能劣化。有报道采用纳米 $TiB_2$ 粉料进行无压烧结，使 $TiB_2$ 在 1600℃ 时实现了密实化。但是这种材料的原料制备很困难，制备成本较高，$TiB_2$ 差的烧结性限制了该材料的广泛应用。

Sunggi 和 Baik 等人研究了氧含量对 $TiB_2$ 陶瓷无压烧结的影响。结果表明，采用亚微米级的 $TiB_2$ 粉末进行烧结，材料的密度最高也仅达到 92.2%，氧含量的高低直接影响到 $TiB_2$ 的烧结致密化。Li 等采用 AlN 作为烧结助剂，在 1800℃ 热压烧结制备了 $TiB_2$ 陶瓷。研究表明，当添加质量分数小于 5% 的 AlN 作为烧结助剂时，由于 AlN 与 $TiB_2$ 表面的 $TiO_2$ 反应形成 TiN 和 $Al_2O_3$，$TiO_2$ 的排除使 $TiB_2$ 坯体的致密性和机械强度得到很大提高，坯体密度通常达到理论密度的 98% 以上。

本文重点研究了 $TiB_2$ 热压烧结的影响因素，如原料粒径、氧含量等对致密化的影响，添加剂分别采用 $B_4C$ 和 C。研究发现，还原剂不仅可以与 $TiB_2$ 表面的 $TiO_2$ 发生反应，提高烧结致密化，还抑制了晶粒的长大，提高了材料的力学性能。论文对 $B_4C$、C 与 $TiO_2$ 之间的反应过程进行了分析，对以后的研究起到了一定的指导作用。

B 材料制取工艺

将 $TiB_2$ 原始粉料分别与添加剂 $B_4C$、C 混合，添加剂 $B_4C$、C 的质量比均占 3%。将原料按比例配好后装入球磨罐球磨，研磨球为氮化硅（$Si_3N_4$），

料球比1:3,研磨介质为乙醇。样品在辊式球磨机上以200r/min球磨12h。球磨结束后,滤出介质球,把浆料倒入真空旋转蒸发仪中,待乙醇蒸发完毕后,再放入烘箱烘干,最后200目过筛得到干燥均匀的粉料。

烧结在热压炉中进行。将过筛后干燥均匀的粉料装入石墨模具中,模具尺寸为直径20mm,装入样品前在模具表面涂一层氮化硼,并垫一片石墨纸,防止粉料与石墨模具发生黏结。模具放入石墨电阻加热炉内,1600℃以前炉内采用真空气氛,温度高于1600℃时通入流动氩气。温度升至制定温度(1900~2000℃)时施加30MPa的压力并保温1h。如无特别说明,在温度升至1500℃时,保温30min。热压结束后自然降温,冷却至室温。烧结中,1300℃之前由热电偶监控炉膛温度,之后转为红外仪测温。

对烧结后的样品采用XRD方法确定样品的相组成,SEM观察样品的断口形貌。

C 结果与讨论

a 氧含量对烧结的影响

不加添加剂、以$B_4C$和C为添加剂的样品编号分别为TB、TBBC和TBC。样品的密度列于表4-6,其中TBBC样品的烧结温度为1900℃和2000℃,TB和TBC的烧结温度为2000℃。从表4-6可以看出,不加添加剂时$TiB_2$(TB)在2000℃热压烧结1h后,相对密度仅为77.4%。当3%(质量分数)的$B_4C$加入到$TiB_2$(TBBC)时,相对密度由77.4%增加到97.4%。同样的,当加入3%(质量分数)的C后,相对密度也有所提高,并达到98.1%。因此,3%(质量分数)$B_4C$和C的添加对$TiB_2$的烧结有明显的改善作用。而由于$TiB_2$为商用粉体,即使加了$B_4C$或C作添加剂,在1900℃烧结时材料也不能达到致密化。

表4-6 样品编号、烧结温度和相对密度

| 样品编号 | 初始组分<br>(质量分数)/% | 烧结温度/℃ | 理论密度<br>/g·cm⁻³ | 体积密度<br>/g·cm⁻³ | 相对密度<br>/% |
|---|---|---|---|---|---|
| TB | $TiB_2$ | 2000 | 4.52 | 3.50 | 77.4 |
| TBBC-1 | $97TiB_2-3B_4C$ | 1900 | 4.52 | 3.98 | 88.0 |
| TBBC-2 | $97TiB_2-3B_4C$ | 2000 | 4.52 | 4.40 | 97.4 |
| TBC | $97TiB_2-3C$ | 2000 | 4.52 | 4.43 | 98.1 |

烧结过程中物质迁移的作用可以分为两个方面,即(1)促进烧结致密化;(2)促进晶粒粗化而不提高致密度。在烧结过程的初期阶段,若物质迁

移是以体扩散或晶界扩散机理进行，则粒子的中心互相接近而坯体收缩。如果是表面扩散或是蒸发-凝聚机理起主要作用，则仅是颈部长大而粒子中心距离不变，坯体外形也基本不变。对非氧化物陶瓷，表面氧化物杂质对蒸发-凝聚机理起到了非常重要的作用，如 $TiB_2$ 颗粒表面 $B_2O_3$ 层的存在降低了 $TiB_2$ 的烧结活性，阻止了颗粒之间的物质扩散，且 $B_2O_3$ 熔点低，蒸汽压高，使原有的扩散机制占主导地位的烧结过程变为由蒸发-凝聚机制占主导的烧结过程。烧结温度提高，伴随着体积收缩的初始温度增大，$TiB_2$ 颗粒尺寸粗化，并降低了烧结驱动力而无法实现致密化。而 $TiB_2$ 原料在烧结之前不可避免地会有氧杂质存在，原料的球磨或混合又加剧了氧化物的生成，因此，$TiB_2$ 的烧结中除氧是一个很重要的课题。

在非氧化物陶瓷（$ZrB_2$、$SiC$、$B_4C$ 等）的烧结中，对氧化物（$ZrO_2$、$SiO_2$、$B_2O_3$）阻碍烧结致密化已经进行了广泛的研究。例如，在 $SiC$ 的烧结中，加入 $C$ 作还原剂，与 $SiC$ 表面的 $SiO_2$ 反应，就可以有效地改善 $SiC$ 的烧结性。对纯的 $TiB_2$ 来说，一方面是由于晶粒的尺寸较大和低的扩散系数导致的；另一方面，表面的 $TiO_2$ 和 $B_2O_3$ 阻碍了烧结。当加入 $B_4C$ 或 $C$ 后，表面的氧化物就可以与它们发生反应，从而提高致密度。反应方程式分别为：

$$7TiO_2 + 5B_4C \longrightarrow 7TiB_2 + 5CO(g) + 3B_2O_3(l) \qquad (4-9)$$

$$TiO_2 + B_2O_3(l) + 5C \longrightarrow TiB_2 + 5CO(g) \qquad (4-10)$$

与其他添加剂不同的是，$B_4C$ 和 $C$ 作添加剂引入时，没有产生其他杂质相，而添加 $Ni$、$AlN$、$MoSi_2$ 等作为助烧剂时，往往会产生中间液相或玻璃相等。从方程式（4-9）和式（4-10）中可以看出，反应过后生成物为基体 $TiB_2$ 或气体，$B_2O_3$ 也在高温时蒸发，因此不会对材料的性能造成损害。

b 添加剂对陶瓷微观结构的影响

图 4-6 为 TBBC-2 和 TBC 样品在 2000℃ 热压烧结 1h 后的 XRD 图谱。从图 4-6 中看出，在样品 TBBC 中，只有 $TiB_2$ 的峰出现，而在 TBC 样品中，除了 $TiB_2$ 的主相外，还发现有 TiC 的峰出现。

分析 TiC 存在的原因，可能是由于 $B_2O_3$ 低的熔点（450℃）和高的蒸汽压，使得 $B_2O_3$ 在烧结温度达到 1200℃ 时就会蒸发，这时，反应式（4-10）不再发生，而 $TiO_2$ 继续反应：

$$TiO_2 + 3C \longrightarrow TiC + 2CO(g) \qquad (4-11)$$

因此，我们在 TBC 样品中可以观察到有 TiC 的生成。

在 XRD 图谱中，没有发现 $B_4C$ 和 $C$ 的存在，可见是与氧化物发生了反应，验证了上述方程式。与 TB 相比，TBBC 和 TBC 增加的致密性也可能是

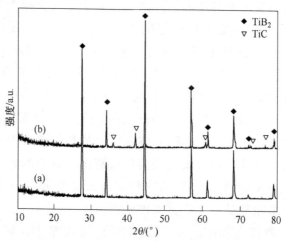

图 4-6  TBBC-2(a) 和 TBC(b) 的 XRD 图谱

由于原料表面氧化物的去除。

　　图 4-7 是在相同热压温度下制备的三种样品的微观结构照片。从图中可以看出，TB 样品有明显的气孔，而在 TBBC-2 和 TBC 样品中，气孔相对较少，这再次证明：$B_4C$ 和 C 的添加能明显改善 $TiB_2$ 的烧结致密性。在 TBBC-2 样品中，我们可以看到明显的晶粒异常长大（大于 $10\mu m$），如图 4-7 （b）中的区域 1 和 2。而在 TBC 中晶粒比较均匀，没有异常长大的晶粒出现。

　　为什么加入 $B_4C$ 会导致晶粒的异常长大呢？在表面的氧化物中（$TiO_2$ 和 $B_2O_3$），$B_2O_3$ 的蒸发-凝聚是阻碍烧结的最重要因素 （1500~1800℃）。有研究发现，虽然在 1200℃ 以上时 $B_2O_3$ 就会蒸发，但是仍有 10% 左右的液相 $B_2O_3$ 残留在烧结体中，在反应式 （4-9） 中，$B_4C$ 与 $TiO_2$ 反应后生成 $B_2O_3$，而由反应式 （4-10） 看出，C 能够与 $B_2O_3$ 反应，这就进一步降低了 $B_2O_3$ 的含量，因此，$B_2O_3$ 应该是导致 TBBC 样品中晶粒异常长大的原因。

　　c　原料粒径对烧结的影响

　　在以上的实验中可以发现，即使是通过加入 $B_4C$ 或 C 作添加剂去除 $TiB_2$ 颗粒表面的氧化物，$TiB_2$ 仍然在 2000℃ 才达到了致密，其中一个很重要的原因就是商用粉体的粒径过大。而对商业粉体进行球磨时，往往又产生了氧化物和磨球损耗。

　　黄飞等利用 X 射线光电子能谱仪、X 射线衍射仪、能量色散 X 射线荧光光谱仪等对 $TiB_2$ 在球磨过程中的氧化行为进行分析。实验证明，在室温下 $TiB_2$ 粉末存在表面氧化，而高速的行星球磨加速了 $TiB_2$ 粉末氧化，随着球磨时间的延长，$TiB_2$ 粉末的氧化程度加大。

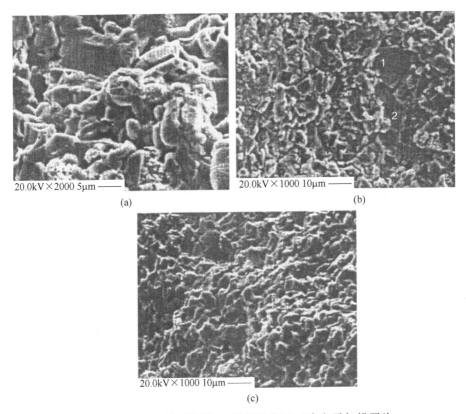

图 4-7 2000℃热压烧结 1h 样品的断口二次电子扫描照片

(a) TB；(b) TBBC-2；(c) TBC

图 4-8 为实验中所用 TiB$_2$ 粉末的 SEM 图，其中图 4-8(a) 为 TiB$_2$ 原粉，粉体粒径在 5~10μm；图 4-8(b) 为行星球磨 8h 后的 TiB$_2$ 粉，粉体粒径 1~2μm，球磨时选用的磨球为 Si$_3$N$_4$，球磨介质为丙酮，球磨时料球比为 1:3，最后测得磨球损耗为 3%(质量分数)，即球磨过后的 TiB$_2$ 粉体中引入了 Si$_3$N$_4$ 杂质。而根据以上的结果表明，球磨过后的 TiB$_2$ 氧含量更大。

对硼化物的早期研究结果表明，使用原料粒径为 5~10μm 的 ZrB$_2$ 和 HfB$_2$ 粉末为原料，需要在 2000℃ 以上才能烧结致密。Opeka 利用原料粒度为 10μm 的 HfB$_2$，在 2160℃、27.3MPa 下热压烧结 180min，材料密度为 95%。密苏里大学罗拉分校的研究表明，粒度约 2μm 的商业 ZrB$_2$ 粉体（Grade B. H. C. Starck，Newton，MA，纯度 99%，氧杂质 0.89%）经过磨碎后可以提高烧结性能，颗粒尺寸的减小使烧结温度得到降低，在 1900℃、32MPa 下热压烧结 45min 即可得到致密的块体。

在 1900℃ 下，对球磨过的 TiB$_2$(TB-Ⅱ) 进行热压烧结，烧结制度不变，

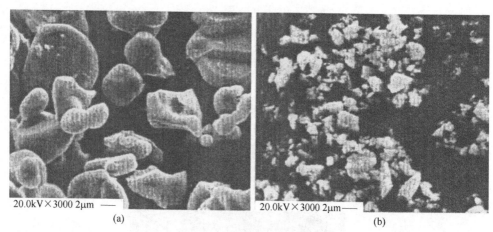

20.0kV×3000 2μm — 　　　(a)　　　　　　　　　20.0kV×3000 2μm—　　　(b)

图 4-8　原料的 SEM 照片

（a）TiB₂ 原粉；（b）行星球磨 8h 后的 TiB₂ 粉

样品的相对密度达到 98%。样品断口的 SEM 如图 4-9(a) 所示。图 4-9(b)
为加入 3%C 作添加剂（TBC-Ⅱ）热压烧结时的断口 SEM 图，样品也完全
致密。样品的致密化可能是由于粒径减小和 Si₃N₄ 的引入两方面作用。

　　在图 4-9(a)、(b) 两个断面图中均可以发现有薄片状的晶形存在，分析原
因，可能是由于球磨引入的 Si₃N₄ 杂质。Park 研究了 Si₃N₄ 对 TiB₂ 的助烧作用，
实验认为 TiO₂ 和 SiO₂ 形成的低共熔液相促进了烧结。与 TiB₂ 原粉相比，虽然球
磨过后的粉体烧结温度明显降低，但是形成的低共熔液相对材料的力学性能和高
温使用性能造成很大缺陷，因此本工作对 TiB₂ 的球磨粉体不做重点研究。

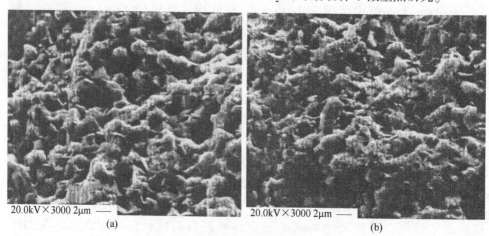

20.0kV×3000 2μm — 　　　(a)　　　　　　　　　20.0kV×3000 2μm—　　　(b)

图 4-9　1900℃热压烧结 1h 样品的断口二次电子扫描照片

（a）TB-Ⅱ；（b）TBC-Ⅱ

图 4-9(a)、(b) 均是在 1900℃下烧结得到的样品，在同样放大倍数的 SEM 图上，图 4-9(b) 的晶粒明显小于图 4-9(a)，可见 C 添加剂的引入，也在一定程度上抑制了晶粒的长大。

以上主要研究了原料粒径、氧含量等对致密化的影响，重点针对氧含量的影响引入了添加剂 $B_4C$ 和 C。通过以上的结果和讨论可以得到如下结论：

（1）在微米级别的 $TiB_2$ 热压烧结中，不加任何添加剂的 $TiB_2$ 很难获得致密的烧结体。原料粒径为 5~101μm 的 $TiB_2$ 商用粉体在 2000℃烧结后的相对密度仅为 77.4%。用 $Si_3N_4$ 磨球行星球磨过的 $TiB_2$ 原料粒径明显减小（1~2μm）的情况下，同时也引入了 $Si_3N_4$ 杂质（磨球损耗 3%）。在这两方面的作用下，$TiB_2$ 粉体在 1900℃烧结已获得致密，但是杂质会与 $TiO_2$ 形成低共熔点液相，影响材料的高温使用性能。

（2）氧含量对 $TiB_2$ 的热压烧结阻碍作用明显。在添加了 $B_4C$ 和 C 作添加剂后，$TiB_2$ 在 2000℃达到了致密化（97%以上），而不添加烧结助剂的 $TiB_2$ 致密度仅为 77.4%，可见 $TiO_2$ 和 $B_2O_3$ 在 $TiB_2$ 的烧结中不容忽视。

（3）在同一烧结制度下，添加了 $B_4C$（TBBC）和 C（TBC）的样品均达到了致密化，不同的是，在 TBBC 的断面图中有异相晶粒长大。分析其原因，可能是高温下残留的 $B_2O_3$ 阻碍了烧结。与 $B_4C$ 不同的是，C 可以进一步与 $B_2O_3$ 反应，因此没有异相的晶粒存在。同时，在 XRD 图谱中，TBC 样品中发现有 TiC 相存在，这是由于 $B_2O_3$ 反应完全后，$TiO_2$ 进一步与 C 反应的结果。

（4）添加 $B_4C$ 和 C 烧结助剂不仅增加了 $TiB_2$ 的烧结致密性，同时也抑制了晶粒的长大，这与其他文献中的结果相符合。晶粒对陶瓷材料的力学性能等有至关重要的作用，因此，晶粒尺寸的减小也对 $TiB_2$ 的应用有利。

4.4.4.8　原位反应烧结添加剂对 $TiB_2$ 热压烧结的影响

$TiB_2$ 是硼、钛唯一稳定的化合物，相互以共价键结合，因此 $TiB_2$ 的烧结十分困难。大量的研究表明，采用无压烧结工艺来获得相对密度大于 95%以上的 $TiB_2$ 材料几乎是不可能的，在 2400℃下烧结 60min，其相对密度仅为 91%。Kislyi 等人对 $TiB_2$ 烧结过程动力学研究表明，在低温下 $TiB_2$ 烧结受表面扩散控制，而在较高的烧结温度下（大于 1800℃）蒸发-凝聚机制起主要作用。从烧结过程的特点来看，在烧结初期，$TiB_2$ 烧结体的相对密度随保温时间线性增加。但当烧结温度达到一定温度后，材料密度不再变化。这时，材料挥发速度与致密化速度达到平衡。由于烧结过程中存在蒸发-凝聚机制，材料最终的孔隙率在某些区域甚至大于初始孔隙率。

为了降低纯 $TiB_2$ 烧结温度，各种金属添加剂作为助烧剂被加入到 $TiB_2$ 粉末中。助烧剂的加入降低了烧结温度，并且可以获得接近理论密度的 $TiB_2$ 样品。这主要是因为助烧剂是一些低熔点的金属，在烧结过程中出现液相，使 $TiB_2$ 的烧结机理由固相烧结转变为液相烧结，这样不仅有利于材料的致密化，同时也可获得细晶组织结构。研究表明，金属 Ni 是比较有希望的助烧剂之一。掺 1.5%（质量分数）Ni 的 $TiB_2$ 材料不仅可以在 1425℃的温度下热压而获得 99%以上的密度，而且其机械强度亦明显提高。此外，过渡族金属硼化物如 $W_2B_5$、CoB、$NbB_2$ 等亦可作为 $TiB_2$ 的助烧剂。有关研究表明，在 $TiB_2$ 陶瓷基体中添加少量的过渡金属硼化物，可改善烧结性能、细化晶粒，同时提高了材料的硬度等力学性能。但是由于以上的添加剂都是形成不同程度的液相或者固溶体来促进致密化，降低了 $TiB_2$ 的高温使用性能，限制了 $TiB_2$ 陶瓷的广泛应用。

本实验主要在 $TiB_2$ 的热压烧结中，添加了低温下可以反应的复合添加剂 Ti 和 $B/B_4C/C$ 为烧结助剂，利用烧结助剂之间的原位反应生成新的具有较好烧结活性的二相粒子来促进 $TiB_2$ 陶瓷的烧结，在 2000℃温度下热压制取相对密度大于 97%的 $TiB_2$ 陶瓷。采用这种方法所生成的第二相（硼化钛或碳化钛）具有和基体同样较高的熔点，保证了烧结助剂不会对材料的高温力学性能带来不利的影响。

A 材料制取工艺

a 样品配比

本实验选定了三种原位反应添加剂（$Ti+B$、$Ti+B_4C$、$Ti+C$）来验证对 $TiB_2$ 陶瓷的烧结影响，$TiB_2$ 和添加剂的配比定为 9:1。在 $ZrB_2$ 的相关研究中，王新刚等研究了 $Zr+B_4C$ 添加剂分别占 2.5%、5%、10%时的烧结特性，实验证明，当添加剂的量占到 10%时，对致密度的影响最佳，因此将原位反应的添加剂统一选定为 10%。其中 Ti 与 $B/B_4C/C$ 的配比均按三种反应式的配比进行，具体反应方程式如下：

$$3Ti+BC_4 \longrightarrow 2TiB_2+TiC \qquad (4-12)$$

$$Ti+2B \longrightarrow TiB_2 \qquad (4-13)$$

$$Ti+C \longrightarrow TiC \qquad (4-14)$$

样品组分见表 4-7。

表 4-7 样品组分

| 样品编号 | 组分（质量分数）/% | | | | | |
|---|---|---|---|---|---|---|
| | TiB$_2$ | Ti | B | B$_4$C | C | Ti+B/B$_4$C/C |
| TB | 100 | 0 | — | — | — | 0 |
| TT | 93 | 7 | — | — | — | 7 |
| TTB | 90 | 6.89 | 3.11 | — | — | 10 |
| TTBC | 90 | 7.22 | — | 2.78 | — | 10 |
| TTC | 90 | 8 | — | — | 2 | 10 |

b 样品制备

将 TiB$_2$ 粉末与助烧剂 Ti 按配比装入球磨罐中，加入 Si$_3$N$_4$ 球做球磨介质，料球比为 1:3，分散介质为乙醇，用辊式球磨机以 200r/min 混料 12h 后，在样品 TTBC、TTB、TTC 的球磨罐中按比例加入 B$_4$C/B/C 继续混磨 12h，样品 TT 混料则直接干燥过筛。TTBC、TTB、TTC 球磨 12h 后混料结束，干燥过筛。

烧结在热压炉中进行，模具为石墨模具，尺寸为直径 20mm，在流动氩气氛条件下热压烧结 1h，烧结温度 1800℃、1900℃、2000℃，压力 30MPa。炉温低于 1300℃由热电偶监控，之后转到红外探测仪测温。升温以 10℃/min 进行，1600℃以前炉体内保持真空，期望进一步减少 TiB$_2$ 颗粒表面的硼氧化物含量，在 1500℃保温 0.5h，确保反应进行完全，并使真空度进一步下降，此段保温结束，通入氩气。继续升温至指定温度（1800℃、1900℃、2000℃），此时加上 30MPa 压力，保温 1h 后，压力撤下，自然降温至室温。图 4-10 为实验流程图。

烧结样品的体积密度采用排水法测定。借助衍射仪的 XRD 图谱确定样品的相组成。通过扫描电镜观察试样表面及断口的显微形貌。

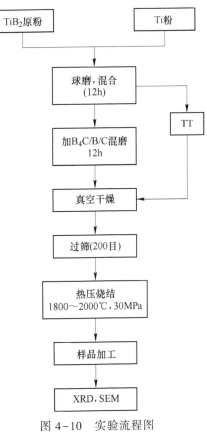

图 4-10 实验流程图

### B　结果与讨论

#### a　添加剂对 TiB$_2$ 陶瓷烧结致密度的影响

本实验主要在 TiB$_2$ 的热压烧结中，添加了低温下可以反应的复合添加剂 Ti 和 B/B$_4$C/C 为烧结助剂，利用烧结助剂之间的原位反应生成新的具有较好烧结活性的二相粒子来促进 TiB$_2$ 陶瓷的烧结。烧结温度为 1800℃、1900℃、2000℃。实验证明，在 2000℃ 下热压烧结才能获得高致密度的 TiB$_2$ 陶瓷。

由表 4-8 可以看出，没有添加剂的 TB 样品，在 2000℃ 烧结，相对密度只有 77.4%，远没有实现致密化，分析原因，可能是由于实验所用的 TiB$_2$ 为商业粉体，粒径较大，而且由于 TiB$_2$ 的共价键结构，使得烧结扩散系数差，因此难以烧结。

**表 4-8　样品编号、烧结温度及相对密度**

| 样品编号 | 烧结温度/℃ | 理论密度/g·cm$^{-3}$ | 体积密度/g·cm$^{-3}$ | 相对密度/% |
|---|---|---|---|---|
| TB | 2000 | 4.52 | 3.50 | 77.4 |
| TT-1 | 1750 | 4.52 | 4.02 | 89.0 |
| TT-2 | 1800 | 4.52 | 4.45 | 98.4 |
| TTB | 1800 | 4.52 | 3.48 | 77.0 |
| TTB-2 | 2000 | 4.52 | 4.43 | 98.0 |
| TTBC | 2000 | 4.53 | 4.40 | 97.1 |
| TTC | 2000 | 4.53 | 4.40 | 97.1 |

在添加了 Ti 做烧结助剂后，在 1750℃ 时还没有达到致密化，相对密度只有 89.0%；而在 1800℃ 烧结时，致密度达到了 98.4%，达到了致密化。日本学者曾利用 TiB$_2$ 和 Ti 热压烧结制备 TiB，在 1900℃、28.5MPa 下热压烧结 2h 得到了密实的 TiB 陶瓷，通过研究钛和硼的反应界面发现，在 Ti 刚开始融化（Ti 熔点 1680℃）时，TiB$_2$ 和 Ti 的热压反应刚开始进行，1700℃ 以前看不到 TiB 的存在，温度若高于 1700℃ 后，可快速发生界面反应形成 TiB。本实验中，Ti 一方面与 TiB$_2$ 反应形成活性较高的第二相，另一方面，熔融的 Ti 构成液相烧结，增加了接触面积，使 TiB$_2$ 致密化更容易进行，在 1800℃ 即达到了致密化。

体系 Ti+B/B$_4$C/C 通过原位反应，生成了具有较好烧结活性的二相粒子来促进 TiB$_2$ 的烧结致密。唐建新等利用差热分析和 XRD 分析确定了 Ti 与 B$_4$C 发生化学反应的温度。实验发现，当温度高于 800℃ 时开始出现放热峰，说明金属 Ti 开始和 B$_4$C 发生化学反应，随着温度的升高，放热峰逐渐增大，在 1080℃ 左右放热峰最高，可以认为此时 Ti 和 $B_4C$ 的反应最为剧烈。在 1600℃ 保温 0.5h 后，经过 XRD 分析，没有发现 Ti 和 $B_4C$ 衍射峰，而出现了 TiC 和 $TiB_2$ 衍射峰。对 $Ti-B_4C$ 扩散偶对反应机理和反应路径进行了研究，结果表明 $Ti-B_4C$ 之间的扩散路径为 $Ti/TiC/TiB/TiB_2/B_4C$。由于烧结仍然为固相烧结，因此在 2000℃ 达到了致密。

  b 原位反应烧结

  图 4-11 为 $TiB_2$ 与添加剂 Ti（TT-2）在 1800℃ 下烧结 1h 的 XRD 扫描图谱。从图中可以看出，在烧结样品中，除了主相 $TiB_2$ 存在外，还有第二相 TiB 形成，而 Ti 则没有检测到，说明已经与 $TiB_2$ 反应完全。

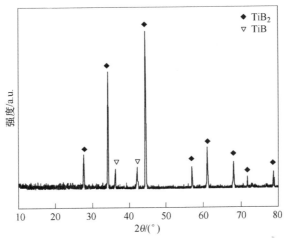

图 4-11 TT-2 样品 1800℃ 热压烧结 1h 的 XRD 图谱

  对 TTB 的烧结样品进行 XRD 扫描图谱分析，发现只有 $TiB_2$ 主相存在，图 4-12 为 TTB 的 XRD 图谱。根据上面的方程式（4-12）分析，Ti 和 B 反应生成了 $TiB_2$，而没有 TiB 产生。通过方程式（4-13）和式（4-14）看出，TTBC、TTC 体系中有 TiC 生成，而由于 XRD 的精确性问题，在 TTBC、TTC 中没有发现 TiC 和其他杂质，只有主相 $TiB_2$，这样就保证了材料的高温力学性能。

  c 微观结构分析

  图 4-13 为烧结样品的 SEM 断面图，图 4-13(a)、（b）为 $TiB_2$+Ti 样品，前者烧结温度 1750℃，致密度 89%，有柱状晶形成；后者烧结温度 1800℃，烧结温度提高了 100℃，致密度达到了 98.4%，促烧作用明显。样品主要呈穿晶断裂的断裂模式。图 4-13(c)、（d）为 TTB 的样品断面 SEM，其中（c）为 1800℃ 烧结，（d）为 2000℃ 烧结，从（c）中可以看出，晶粒

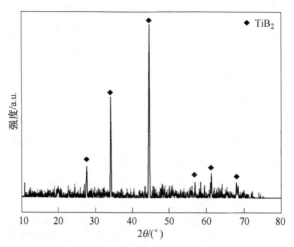

图 4-12 TTB 样品 2000℃热压烧结 1h 的 XRD 图谱

分散严重，（d）样品断裂模式主要为沿晶断裂，可见 Ti 与 B 反应形成的 $TiB_2$ 起到了良好的增韧作用。样品在 2000℃下烧结，晶粒大小与（b）相比没有明显的长大。图 4-13（e）、（f）为 TTBC、TTC 的样品断面 SEM 图，从（f）中可以看出晶粒有明显长大现象。

以上主要研究了 $TiB_2$ 的热压烧结中，原位反应添加剂 Ti 和 $B/B_4C/C$ 对烧结的影响。作用机理是利用烧结助剂之间的原位反应生成新的具有较好烧

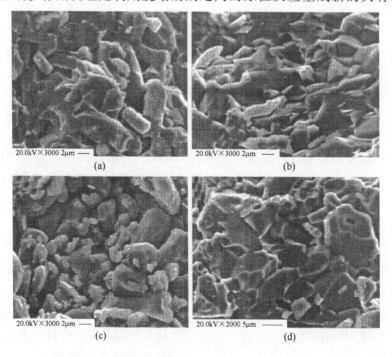

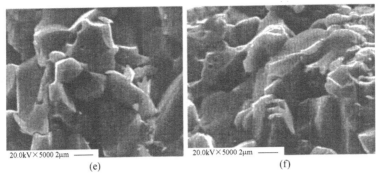

20.0kV×5000 2μm ———　　　　　20.0kV×5000 2μm ———
(e)　　　　　　　　　　　　　　　(f)

图 4-13　不同添加剂和烧结温度，热压烧结 1h 样品的断口二次电子扫描照片

(a) TT-1；(b) TT-2；(c) TTB-1；(d) TTB-2；(e) TTBC；(f) TTC

结活性的二相粒子来促进 TiB$_2$ 陶瓷的烧结。与其他添加剂不同的是，采用这种方法所生成的第二相（硼化钛或碳化钛）具有和基体同样高的熔点，保证了烧结助剂不会对材料的高温力学性能带来不利的影响。基于以上的结果和讨论可得出如下结论：

（1）反应添加 Ti 做添加剂时，在 1800℃ 即可得到致密的烧结体，Ti 的助烧作用明显。Ti 的熔点为 1680℃，而 Ti 与基体 TiB$_2$ 在 1700℃ 以上才开始反应，Ti 作为金属相形成的液相，使得反应由固相烧结变为液相烧结，大大增加了烧结体的接触面积。但是在烧结体中，XRD 没有检测到 Ti 的存在，说明 Ti 与 TiB$_2$ 已经反应完全，这比其他金属如 Ni 等做反应添加剂时对材料性能的影响要小。

（2）本章重点研究了 Ti 与 B/B$_4$C/C 之间的原位反应烧结对致密化的影响。Ti 与 B/B$_4$C/C 按反应式的配比加入到 TiB$_2$ 中，体系 TTB 在 1800℃ 烧结时致密度仅为 77.4%，三个体系在 2000℃ 均得到了致密化的样品，样品的晶粒与 1800℃ 达到致密的 TT 样品相比没有明显的长大。

（3）对样品的 XRD 研究发现，没有 Ti 或 B/B$_4$C/C 等物质的残留，说明均发生了反应。经过对 Ti 与 B$_4$C 的反应路径分析，在 800℃ 时即有放热峰出现。

（4）TT 样品的断裂模式为穿晶断裂，而在原位反应的 Ti 与 B/B$_4$C/C 样品中，断裂模式均为沿晶断裂，说明原位反应生成的 TiB$_2$ 或 TiC 起到了增韧作用。添加剂的作用效果要好于 Ti 的作用效果。

难熔超硬耐高温硼化物应用总汇

新型难熔硼化物材料具有与众不同的特殊性能，如耐磨、耐侵蚀、耐高温、耐热冲击、高电导率、高热导率、抗高温氧化及熔融金属侵蚀、密度小、比表面积大、粒度细、活性好、纯度高等，使其广泛应用于航空、航天、通信、军备、机械、纺织、化工、石油、地质、电子等领域，被用于制作在苛刻条件下工作的电极、电导、电工元件，如蒸发皿、铝电解电极、电触头等；低重量高强度的军备材料，如坦克、装甲、直升机的防弹材料及高温引擎部件；耐磨部件及刀模具，如各类切削工具、钻头、拉丝模具、喷嘴等；高温材料及熔融金属的处理部件，如制作与液态铝、铜、银、锌、铅等有色金属接触的坩埚、浇口、内衬等；研磨材料，如修整笔、研磨头、研磨介质等；颗粒弥散强化剂；改善合金的特性，如在钢铁、铜、铝、镁铝合金中作为添加剂，防止晶粒长大，改善硬度、韧性，提高强度；表面改性及薄膜材料，可采用激光、热喷涂、电镀、电刷镀、化学镀、离子束溅射、真空多弧离子束镀膜等工艺，在基体材料上形成高性能功能薄膜或涂层；与其他陶瓷材料（如 SiC、TiC、$Al_2O_3$、$Si_3N_4$ 等）复合，改善其导电性、机械加工性、力学特性（如平均强度、抗破裂性等）及其他理化特性。

## 5.1 耐高温材料

硼化物已在航天领域得到成功应用。火箭喷嘴工作时，内部气流温度极高，气氛为氧化性或中性，气流速度很高，要求内衬材料能在短时间内（几秒至几分钟）承受极高的温度和耐冲蚀磨损。$ZrB_2$ 和 $TiB_2$ 由于具有很高的熔点，同时又有良好的导热性、抗热冲击能力和良好的抗氧化能力，可用作喷嘴用隔热材料基体或涂层（可承受 2500℃）。美国已制备了硼化物自生晶片增强的 $ZrC/ZrB_{(PL)}/Zr$ 复合材料，其抗弯强度达 800~1030MPa，断裂韧性达 11~23MPa·$m^{1/2}$，具有很好的耐高温能力，已成功地在火箭喷嘴上进行了实验。此外火箭的鼻锥要求具有耐温（表面温度可达 1600℃）和耐冲蚀能力，应用硼化物陶瓷可满足其要求。

在航空领域，硼化物有希望成为新一代的超高温材料。喷气发动机推重比的提高，要求提高燃烧室的温度。目前，传统的高温合金涡轮叶片的最高工作温度为1100℃左右，而推重比超过10的发动机的研制要求叶片中心工作温度为1650℃左右。这就要求叶片材料能长时间地承受严酷的高温条件。硼化物由于抗热震性好、高熔点、密度小而极有希望用作叶片材料或涂层。据有关资料报道，乌克兰科学院已用定向凝固方法制备了自生增韧的硼化物共晶复合材料，其增强槽为直径0.5μm的单晶硼化物纤维（强度接近理论强度），该材料的抗弯强度达1000MPa以上，断裂韧性为$25 \sim 30 \text{MPa} \cdot \text{m}^{1/2}$，并且具有极好的耐热性，目前正准备用做涡轮叶片材料。

## 5.2　电极及电导材料

在电解铝工业中，铝的成本主要由耗电量决定，因此，降低电耗是电解铝工业急须解决的问题，发展新型电极成为降低电耗的主要手段。$TiB_2$由于具有良好的导电性、抗熔融金属侵蚀、耐高温并与熔融铝润湿性良好等特性，使其成为公认的铝电解阴极的最佳材料。世界各国相关研究机构对$TiB_2$复合材料作为电解铝工业中可被铝浸润的阴极材料，进行了仔细的评估和大量的研究，并获得了专利。$TiB_2$涂层碳阴极材料及$TiB_2/C$复合阴极材料已取得成功。$TiB_2$涂层阴极能改善传统Hall-Heroult Cell的效益，并商业化应用于电解销中。新型可被铝浸润的阴极与惰性阳极相结合，能极大地减少能源消耗及改善周边环境。

硼化物材料由于其良好的电导率及抗熔融有色金属的浸蚀能力被用于制作高温导电蒸发舟，广泛地用于微电子镀膜领域。德国的STARCK、美国的Advanced Ceramics Corp用$TiB_2/BN$或$TiB_2/BN/AlN$添加少量Mo、W、Ta、Nb、CaO或$Y_2O_3$作为黏结相，采用1900℃热压成型，制作高温蒸发舟，广泛用于真空镀铝行业。

硼化物材料良好的电导率及低分子量使其比锂、锌等材料更适合于制作高能量密度电池的阳极。而$TiB_2$和$ZrB_2$是其中最合适的材料，这方面已有专利。人们将$TiB_2$、$ZrB_2$、$HfB_2$加入到传统的Nd-Fe-B合金中，采用$10^5 \sim 10^7$℃/s的快速淬冷，超细的$TiB_2$及$ZrB_2$等颗粒均匀弥散在各向同性的Nd-Fe-B超细晶粒中。这种Nd-Fe-B合金显示超级的硬磁特性，可广泛地应用在许多科学工程领域中。

## 5.3　耐腐蚀材料

利用硼化物在高温下能抵抗熔融金属侵蚀的特点，可用来制作热电偶保护管。传统的保护管一般使用氧化物陶瓷，由于导热差、抗热震性不好而易开裂。$TiB_2$ 和 $ZrB_2$ 由于导热好、耐熔融金属侵蚀，是测量铝液和铁液的理想热电偶保护管材料，寿命可提高 10 倍以上。工业上常用 $TiB_2-BN$ 热压复合材料制成坩埚，取代传统的石墨坩埚，以减少对金属熔液的污染，提高寿命。铝膜物理气相沉积用的加热舟也常用 $TiB_2$ 材料制备。此外，$TiB_2$ 由于与铝液润湿性好，用其制备电极材料可减少接触电阻，降低能耗。

## 5.4 切削刀具和耐磨部件

新型硼化物工程陶瓷复合材料优异的理化及力学性能，决定其在刀具行业有着十分广泛的应用前景。随着高品质、低成本、规模化 SHS 精细陶瓷粉末及其复合粉末的商业化生产，必将促进我国刀具行业的发展。

硬质合金刀具被广泛地用于加工碳钢，然而这些刀具只能在低于 250m/min 的速率下工作，并且使用寿命短。高速切削率及长寿命是提高效率必需的条件，采用新型工程陶瓷复合材料可以达到预期目标。含 $TiB_2$ 的碳化钨硬质合金，其抗氧化特性比碳化钨硬质合金增加 1 倍，可达 1050℃，其耐磨特性比碳化钨硬质合金增加 40%~50%，在加工碳钢、轴承钢、不锈钢方面，显示了比传统硬质合金刀具更优异的性能。

$TiB_2$ 及其硼化物工程陶瓷复合材料，可替代各种含钴硬质合金，用于制作在各种苛刻条件下工作的喷嘴、密封件、耐磨部件、刀模具等，如日本开发的 $TiB_2-5\%W_2B_5-1\%CoB$ 复相陶瓷，抗弯强度达 1GPa，性能远较 WC-Co 合金好。

碳化硼作为结构材料在工业上得到广泛应用。一方面，碳化硼被用作磨料，从粒度为 $1\mu m$ 的粉末到直径为 10mm 的小球，工业上均有应用，例如将碳化硼用作其他硬质材料如硬质合金、工程陶瓷的抛光、精研或粉碎过程的研磨材料，取代原来使用的金刚石磨料，可以大大降低研磨过程的成本；另一方面，通过粉末冶金法制取耐磨、耐腐蚀的碳化硼器件，在许多领域取得了较好的应用效果，例如碳化硼器件可用作气动滑阀、热挤压模、原子能发电厂冷却系统的轴颈轴承，用作陶瓷气体涡轮机中的耐腐蚀、耐摩擦器件，喷砂嘴及高压喷水切割的喷嘴，碳化硼还是长寿命陀螺仪中优异的气体轴承材料，由于碳化硼对铁水稳定及导热性好，可以用作机械行业连续铸模，又由于碳化硼材料能抗强酸腐蚀和抗磨损，可用作火箭液体发动机燃料的流量变送器轴尖。另外，外敷碳化硼材料还可用作切削刀刃、研钵、捣锤等。

## 5.5 表面涂层及镀膜

硼化物陶瓷材料是极其理想的表面工程材料。在金属或合金表面,通过热喷涂、真空镀膜、磁控溅射及多弧等离子镀膜、化学电镀、电刷镀等技术,形成硼化物陶瓷材料涂层或薄膜,可以改善金属或合金的表面特性,从而大大提高其耐磨及抗侵蚀能力。

在表面工程领域,热喷涂涂层广泛用于部件防磨损、防腐蚀和防高温氧化。电弧喷涂及等离子束喷涂是普遍采用的热喷涂方法,可快速形成金属复合材料涂层。工业领域应用最普遍的陶瓷涂层是 WC-Co 或 $Cr_3C_2$/Ni-Cr。而硼化物复合材料及金属陶瓷复合材料,由于各相成分均匀连续分布又形成相互交错的网络结构,陶瓷与陶瓷、金属与金属、金属与陶瓷之间既有化学键合又有金属键合,金属与陶瓷之间结合非常牢固,融合了金属与陶瓷的综合优异性能,使其粉体具有比 WC-Co 或 $Cr_3C_2$/Ni-Cr 粉体更好的理化及力学特性。$TiB_2$ 及 $ZrB_2$ 极高的硬度、优异的化学稳定性及高热导率,使得 $TiB_2$、$TiB_2$/$Al_2O_3$、$TiB_2$/$Al_2O_3$/Fe-Cr、$ZrB_2$/$Al_2O_3$/NiCr 可用于热电厂“四管”保护层。$ZrB_2$ 优异的抗熔融有色金属侵蚀的能力,使得 $ZrB_2$、$ZrB_2$/$Al_2O_3$、$ZrB_2$/MgO、$ZrB_2$/$Al_2O_3$/Fe-Cr、ZrB/MgO/Ni-Cr 可用于与熔融有色金属接触的坩埚、热电偶保护管、容器内衬的保护层。轧辊上的 $ZrB_2$ 类涂层可防止结瘤。硼化铬与所有的强酸强碱不反应的优异化学稳定性使硼化铬、硼化铬/$Al_2O_3$、硼化铬/$Al_2O_3$/Ni-Cr 用于保护与强酸强碱接触的各种器皿的保护层。

金属陶瓷复合电镀是近几年发展较快的一种表面改性工艺。在美国,人们发展了新的化学调制工艺,大大地简化了 $TiB_2$ 复合电镀的准备工作,这种新的电镀工艺所形成的优异 $TiB_2$-金属陶瓷复合镀层经 SEM 测试表明,镀层表面非常光滑,镀层与基体之间的黏结牢固,在高速无润滑的情况下,有优异的耐磨性,硬度高达 50GPa。在国内,人们采用传统的化学电镀沉积方法,选用适合的沉积促进剂及工艺成功沉积了 $TiB_2$ 含量可高达 40% 的 Cu-$TiB_2$ 复合材料。这种材料具有极佳的电学及力学特性,如高电导率、高硬度、抗高温及电弧侵蚀特性,可用于制作苛刻条件下工作的电工、电极、电导材料,可广泛应用于汽车、电动机车、航天、航空、动力领域,具有极大的商业前景。

## 5.6 国防领域的应用

$TiB_2$ 强化的 TiAl 复合材料在美国被用于导弹火箭的喷嘴,还可应用于导弹尾翼、压缩机叶轮及机体和其他结构部件，过去由于涉及军事国防领域而被禁止转让。美国现将星球大战计划中发展起来的新型工程材料转化为商业应用。这些高温低密度高强度工程复合材料用于转动部件，可减少飞机引擎涡轮螺旋桨质量的 30% ~ 50%，从而涡轮盘、涡轮杆、涡轮轴承支撑座质量也可以相应减轻。转动领域的应用还包括驱动压气机涡轮、旋转密封、涡轮增压器。在结构部件中，$TiB_2$ 强化的 TiAl 复合材料，由于密度低、强度高、模量强度高、膨胀系数小，具有能在高温下工作的能力，可减小应力及转动力矩，从而增加了能量的利用率，被用于制作航空、航天及汽车工业所需的具有特殊强度及刚性的工程材料。$TiB_2/MgO/Al$ 复合材料被用来制作装甲、坦克、直升机的防弹保护层。美国 NASA 采用 $ZrB_2$、$HfB_2$、ZrC、HfC 及 SiC 陶瓷复合材料，作为航天火箭进入大气层时外层保护材料。

## 5.7 核工业用材料

硼化物在核工业上应用很广泛。$ZrB_2$ 可作为原子能用控制棒；$GdB_6$ 可用作原子反应堆的阻挡材料和控制材料；WB 用途更为独特，W 能阻挡伽马射线的辐射，B 能阻挡中子的冲击；可广泛作为原子反应堆堆芯组件的中子吸收材料，如控制棒、调节棒、事故棒、安全棒、屏蔽棒等，是仅次于核燃料的重要功能元件。

# 6 产品的工业规模试验及产业化

## 6.1 总论

以硼化钛产业化为例,硼化钛 ($TiB_2$) 是一种高技术材料,如前所述它具有熔点高、导电性好、线膨胀系数小、抗熔融金属和氟化盐侵蚀、能为熔融金属所润湿、抗氧化性和耐磨性好等特点。纯硼化钛真密度约为4.52。它在航空、电子复合材料、核工业等领域中得到了应用。在现代铝电解工业中,硼化钛阴极技术受到国内外的普遍重视。采用硼化钛阴极的主要目的是降低铝电解生产的电能消耗,提高电流效率,延长电解槽的使用期。硼化钛粉是制造硼化钛阴极材料(包括陶瓷材料和涂层材料)的主要原料。

以前在我国没有硼化钛工业生产,只有实验室生产少量硼化钛粉,成本甚高,难于推广应用。因此,降低硼化钛的生产成本,形成批量生产能力,是推动铝工业大量应用硼化钛的关键。

1988年3月兰江冶炼厂与中南工业大学合作,在60kA焙槽上进行惰性阴极材料的工业性试验,包括主要材料 $TiB_2$ 的制备、$TiB_2$ 涂层在工业铝电解槽上的应用及其效果的测定。

1988年10月兰江冶炼厂和中南工业大学开始进行以氧化物为原料,以碳粉为还原剂,利用高温电阻炉直接合成硼化钛的工业性试验,并于1989年5月8日生产出第一炉近10kg硼化钛粉,经物相鉴定和化学成分分析,证明产品中的主要物相为 $TiB_2$,Ti 和 B 含量之和大于85%,从而开始了国内的硼化钛工业化生产。目前已建成了月产500kg硼化钛的生产线。

### 6.1.1 采取的合成工艺路线

硼化钛的生产方法有多种,如氧化物 ($TiO_2$、$B_2O_3$) 的碳或金属热还原法、熔盐电解法、碳化物 ($TiC$、$B_4C$) 高温反应法、金属钛和硼直接化合法、卤化物 ($TiCl_4$、$BF$) 高温反应法等,其中以氧化物碳热还原法的原料价格最低,而且原料来源广、工艺简单。采用氧化物碳热还原法,即以氧化物 ($TiO_2$、$H_2BO_3$) 为原料,以碳粉为还原剂,用石墨坩埚作反应器,放在高温电阻炉中，隔绝空气，一步合成，其工艺流程如图6-1所示。

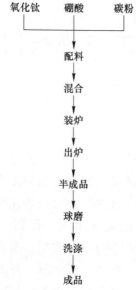

图 6-1 二硼化钛生产工艺流程

所用的原料氧化钛、硼酸均为工业纯，碳粉为石油焦粉，其主要反应如下：

$$2H_3BO_3 =\!=\!= B_2O_3 + 3H_2O \tag{6-1}$$

$$TiO_2 + B_2O_3 + 5C =\!=\!= TiB_2 + 5CO \tag{6-2}$$

总反应式为：

$$TiO_2 + 2H_3BO_3 + 5C =\!=\!= TiB_2 + 5CO + 3H_2O \tag{6-3}$$

反应式（6-2）的标准自由焓变化为：

| 温度/K | $\Delta G^{\ominus}$/kJ |
|---|---|
| 1600 | -159.186 |
| 1800 | -351.247 |
| 1900 | -449.995 |
| 2000 | -544.514 |

按上述生产方法采用特殊的高温电阻炉，热效率高，因此生产的硼化钛能耗低，可大大降低成本。

## 6.1.2 硼化钛产品质量分析

### 6.1.2.1 物相鉴定

产品的物相组成用德国西门子公司的 D-500 型 X 射线全自动衍射仪进行

鉴定，该衍射仪的计算机系统用 Johson-Vandahl 检索法对衍射数据进行分析，并计算出结果，证明产品中的主要物相为 $TiB_2$。

### 6.1.2.2 化学组成分析

#### A 化学分析法

用化学分析方法分析了产品中的钛、硼、碳、氧的含量，其结果见表 6-1。

表 6-1 成品的物理化学分析结果

| 项目 | 各元素含量（质量分数）/% | | | | | | | | 真密度 |
|------|------|------|------|------|------|------|------|------|------|
| | Ti | B | C | O | F | Si | Al | Ca | |
| 试样 1 | 66.01 | 29.32 | 2.11 | 0.41 | 0.00 | 0.69 | 0.67 | 0.24 | 4.42 |
| 试样 2 | 62.10 | 26.97 | 6.61 | 0.42 | 0.35 | 0.73 | 0.71 | 1.68 | 4.16 |

#### B X射线荧光光谱分析

产品的元素组成用荷兰飞利浦公司的 PW1404 型 X 射线荧光光谱仪进行了分析，元素分析范围为 9F~92U，测量含量范围为百万分之一至百分之百。分析结果表明产品中的主要杂质为 Fe、Si、Al、Ca、Nb。这些杂质绝大部分由原料带入，因此提高原料的纯度可增大产品的纯度，但同时增加了产品成本。

半成品经洗涤后，其 X 射线衍射图变得更为干净，除 $TiB_2$ 外，几乎无其他物相的衍射条纹。从化学分析结果看，Ca 和 C 的含量显著减少，Ti 和 B 的含量增加，O、Fe、Si 等杂质的含量稍有减少或大体不变。

### 6.1.2.3 成本核算

以生产 1kg 硼化钛粉为单位，其成本构成列于表 6-2。

表 6-2 硼化钛粉的成本构成

| 项　　目 | | 单耗/kg | 单价/元·g⁻¹ | 金额/元 | 百分比/% |
|------|------|------|------|------|------|
| 原材料 | 氧化钛 | 1.2 | 15.00 | 18.00 | 17.60 |
| | 硼酸 | 2.6 | 7.00 | 18.20 | 17.80 |
| | 碳粉 | 1 | 0.50 | 0.50 | 0.5 |
| | 石墨反应负罐 | 2.5 | 10.00 | 25.00 | 24.50 |
| 辅料 | | | | 1.80 | 1.80 |
| 动力交流电 | | 12kW·h | 0.3 元/(kW·h) | 3.60 | 3.5 |
| 工资和福利 | | | | 10.00 | 9.8 |

| 项　目 | 单耗/kg | 单价/元·g⁻¹ | 金额/元 | 百分比/% |
|---|---|---|---|---|
| 车间经费 | | | 15.00 | 14.70 |
| 企业管理费 | | | 10.00 | 9.8 |
| 合　计 | | | 102.10 | 100.00 |

注：以 20 世纪 90 年代的原料和其他费用价格计，下同。

### 6.1.2.4　结论

与生产硼化钛的其他方法比较，本方法具有如下特点和优势：

(1) 原材料价廉易得；

(2) 设备投资和基建投资低；

(3) 产量大，质量可靠，并可根据用户需要加以调整；

(4) 生产工艺简单，容易掌握；

(5) 见效快，无污染。

## 6.2　二硼化锆粉体的工业合成

二硼化锆材料可广泛应用于高温结构陶瓷、复合材料、电极材料、薄膜材料、耐火材料、核控制材料等领域，但二硼化锆粉体目前多为实验室合成。郑州大学材料科学与工程学院马成良等、郑州釜成磨料磨具有限公司王成春等进行了二硼化锆粉体的工业合成研究。以 $ZrO_2$、$B_4C$、$C$ 为原料采用碳热还原法分别在真空感应炉和电弧炉中完成了二硼化锆粉体的工业合成，研究了工业合成二硼化锆粉体的反应过程、产物组成和结构以及工艺影响因素，结果表明：以 $ZrO_2$、$B_4C$、$C$ 为原料采用碳热还原法工业合成二硼化锆粉体工艺路线可行，产品质量好，二硼化锆粉体纯度大于 98%（质量分数，下同），粉体粒度为 $1\sim4\mu m$。

### 6.2.1　引言

二硼化锆陶瓷具有高熔点、高硬度、导电导热性好、中子控制能力良好等特点，可广泛应用于高温结构陶瓷、复合材料、电极材料、薄膜材料、耐火材料、核控制材料等领域。硼化锆是硼化物中比较主要和常见的一种材料。在硼-锆系统中存在三种不同组成的硼化锆：一硼化锆（ZrB）、二硼化锆（$ZrB_2$）、十二硼化锆（$ZrB_{12}$），其中 $ZrB_2$ 在很宽的温度范围内是稳定的，工业生产制得的硼化锆和目前应用多以 $ZrB_2$ 为主要成分。$ZrB_2$ 是六方晶系 C32 型的准金属结构化合物（如图 6-2 所示），硼原子面和锆原子面之间的

Zr—B 离子键以及 B—B 共价键的强键性决定了这种材料的高熔点、高硬度和稳定性。

　　ZrB$_2$ 粉体的制备方法归结起来主要有以下几种：固相法（主要包括碳热法、金属热还原法、自蔓延高温合成法及电化学合成法）、气相法、机械化学法等。据统计 2006 年国内硼化锆年产量不足 5t，目前报道的相关文献多为实验室合成二硼化锆粉体，本工作进行了二硼化锆粉体的工业合成的研究。

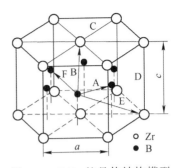

图 6-2　ZrB$_2$ 的晶体结构模型
（$a$ = 0.3169nm，$c$ = 0.3530nm）

## 6.2.2　实验

### 6.2.2.1　实验原料及仪器设备

　　实验主要原料分别为电熔氧化锆粉（$D_{50}$ = 3.0μm，化学成分如表 6-3 所示）和郑州釜成磨料磨具有限公司采用电弧炉冶炼、搅拌球磨法生产的工业用碳化硼超细粉（$D_{50}$ = 4.6μm，化学成分如表 6-4 所示）。另外，在真空感应炉和电弧炉中合成二硼化锆粉体时还分别使用工业炭黑和煅烧后石油焦细粉引入碳。

表 6-3　实验用 ZrO$_2$ 的化学成分　　　　　　　　　（％）

| 成分 | ZrO$_2$ | SiO$_2$ | Al$_2$O$_3$ | TiO$_2$ | Fe$_2$O$_3$ |
|---|---|---|---|---|---|
| 含量/% | 99.57 | 0.14 | 0.10 | 0.15 | 0.04 |

表 6-4　实验用 B$_4$C 的化学成分　　　　　　　　　（％）

| 成分 | B$_4$C | TB | FB | TC | FC | B$_2$O$_3$ | Fe$_2$O$_3$ |
|---|---|---|---|---|---|---|---|
| 含量/% | 95.64 | 75.96 | 0.57 | 20.68 | 3.00 | 0.46 | 0.12 |

　　所用主要仪器设备有：SX-30 搅拌球磨机（聚氨酯内衬，碳化硼磨球）、101-4A 电热鼓风干燥箱、ZGRY-500-24 真空感应炉、小型电弧炉（63kW）。

### 6.2.2.2　实验过程

　　A　碳热还原法制备二硼化锆粉体

　　按合成 ZrB$_2$ 反应式：$2ZrO_2 + B_4C + 3C = 2ZrB_2 + 4CO$，配料时 B$_4$C 和 C 要适当过量，配好料放入搅拌球磨机后加入乙醇、碳化硼磨球，磨 2h；在干燥箱中 80℃烘干至乙醇全部蒸发，完成混配料过程；在真空感应炉中合成时将预混好的粉体原料（10kg）放入石墨坩埚，抽真空并升温至 900℃，然后停止抽真空，充入氩气保护继续升温至 1750℃并保温 1.5h（其中在 1400℃保温 1h），再随炉冷却到室温。在电弧炉中合成时将混好的粉体原料（共150kg）先制成直径 20mm 左右的球团，烘干后分批加入预加热至白热化（温度大于 1750℃）的电弧炉石墨坩埚内，保持少量多次加料制度将坩埚加满，维持高温反应 5~10min，生成物呈熔融状态，然后切断电源，待温度稍降，提升电极并用碳粉覆盖产物以防氧化。

　　B　分析测试

物相利用荷兰 Philips 公司生产的 X-Pert 型 X 射线衍射仪测定。粉体的显微结构分析采用日本 JEOL 生产的 JSM-5610LV 型扫描电子显微镜，微区化学成分分析采用英国 Oxford 公司生产的 IncaEnergy 能谱分析仪。

### 6.2.3　结果与讨论

#### 6.2.3.1　碳热还原过程分析

工业合成硼化锆主要采用氧化锆还原硼化的方法，还原剂可用碳或碳化硼。用碳化硼（$B_4C$）比用碳好，因为用碳还原合成硼化锆，作为硼的来源是硼酐（$B_2O_3$），不管是采用电弧熔融合成还是固相反应合成工艺，由于硼酐沸点很低，在 1000℃以上就大量挥发，致使合成的硼化锆化学组成波动很大，并且熔融法的温度高，电熔速度极快，不但会造成石墨电极和石墨坩埚对产品的严重污染，还可能产生大量的副产物碳化锆。而用碳化硼做还原剂，由于碳化硼不易挥发，工艺稳定，出料率高，可制备出 $ZrB_2$ 的单相产物。

本合成方法实质上属于碳化硼和碳复合还原。总反应式为：$2ZrO_2+B_4C+3C=2ZrB_2+4CO$，反应自由能变化 $\Delta G_r^\ominus = 1134-0.668T(kJ)$。$ZrO_2+B_4C+C$ 体系的热动力学计算和实验研究表明，该反应在低温阶段（1400℃左右）按照硼化反应 $ZrO_2 + 5/6B_4C \rightarrow ZrB_2 + 2/3B_2O_3 + 5/6C$ 进行，在高温阶段（1600℃）按碳化反应 $ZrO_2+B_2O_3+5C \rightarrow ZrB_2+5CO$ 进行。在这个反应体系中，由于中间产物 $B_2O_3$ 的气化，反应前需掺加过量的 $B_4C$ 以弥补 B 的损失而得到高纯的 $ZrB_2$ 粉体。若合成温度高，保温时间长，则氧和碳的含量都会降低，且合成粉末的粒度会变大。选择合适的合成温度和保温时间对制备高纯超细的 $ZrB_2$ 粉体很重要。在真空感应炉中试验了从 1650~1850℃（温度间隔50℃）不同的合成温度和高温段保温时间（0.5h、1.5h、2.5h）对制备 $ZrB_2$ 粉体（纯度、粒度、其他成分）的影响，最后本实验确定合成温度为1750℃并保温1.5h。

采用真空感应炉或碳管炉间歇或半连续方式高温固相反应工业生产二硼化锆的优点是产品质地纯净、温度可严格控制，但生产能力相对较低，生产周期长。利用电弧炉碳热还原制取二硼化锆是利用电弧炉能量集中、直接电加热反应物料使其快速达到高温的优点，反应瞬间完成，生产效率高；但缺点是物料损耗大，需加强电熔工艺控制。

### 6.2.3.2 物相分析

武汉理工大学方舟等研究了选择合适的 $B_4C$ 和 C 的掺量对产物相组成的影响规律。该实验对两组样品进行了物相分析。$ZrO_2+B_4C+C$ 体系的固相反应产物的 XRD 图谱见图6-3。从图6-3看出，样品 b 只存在单相产物 $ZrB_2$，结果比较理想。XRD 结果说明此体系在合成高纯度 $ZrB_2$ 陶瓷时，$B_4C$ 和 C 需要适当过量，这与中南工业大学的王零森等人的结论一致。为进一步了解 $ZrO_2+B_4C+C$ 体系的固相反应产物的组成，对反应产物样品 b 进行了化学分析。分析结果表明：反应产物组成（质量分数）为 98.4% $ZrB_2$ 和 1.6% C。二硼化锆粉体的形貌如图6-4所示。

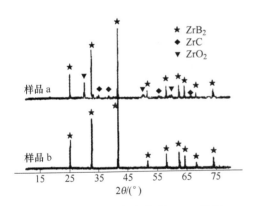

图6-3 固相反应产物的 XRD 图谱

图6-4 二硼化锆粉体的形貌

### 6.2.3.3 显微结构分析

将在真空感应炉中固相反应合成的二硼化锆粉体进行电镜和能谱分析，结果如图6-5和图6-6所示。二硼化锆粉体颗粒基本呈粒状或短柱状，颗粒大小较均匀，粒径为 1~4μm，有烧结状团聚体形成。

能谱分析结果表明：B/Zr 平均原子比为 1.95，与二硼化锆 $ZrB_2$ 化学计量比基本吻合，这说明高温固相反应合成二硼化锆粉体效果好，产品纯度较高。

图 6-5 二硼化锆粉体的显微结构    图 6-6 能谱分析结果

## 6.2.4 结论

（1）以 $ZrO_2$、$B_4C$、C 为原料采用碳热还原法分别在真空感应炉和电弧炉中完成了二硼化锆粉体的工业合成，合成的二硼化锆粉体质量好，粉体纯度大于 98%，粉体粒度为 1~4μm。

（2）选择合适的合成温度和保温时间，确定 $B_4C$ 和 C 适当的比例，对工业合成高纯超细的 $ZrB_2$ 粉体来说很重要。优化改善工业化生产二硼化锆粉体的工艺条件，获得质优价廉的粉体材料，进一步推广应用二硼化锆材料还需要更深入地开展工作。

## 6.3 六硼化钙的产业化

六硼化钙的分子式为 $CaB_6$，相对分子质量为 104.94。六硼化钙具有高熔点、高强度和化学稳定性高的特点，另外还具有许多特殊的功能，如低的电子功函数、比电阻恒定、在一定温度范围内热膨胀值为零、不同类型的磁序以及高的中子吸收系数等。这些优越的性能决定其在现代技术各种器件组元中具有广泛的应用前景，许多国家相继开展了该类材料的研究。

$CaB_6$ 作为一种新型的半导体硼化物，也称为硼化物陶瓷。人们分析了 $CaB_6$ 的电子结构，测量了单晶体的显微硬度。进入 20 世纪 90 年代，人们开始将 $CaB_6$ 应用于 MgO-C 砖中，并就添加 $CaB_6$ 对 MgO-C 砖性能的影响进行了大量的研究。$CaB_6$ 添加金属 Al 或 Al-Mg 粉末后可明显地增加高温断裂模量而没有降低耐热冲击性，且耐腐蚀性能也得到提高。近几年来，日本在单晶体制备及应用上进展迅速，已成功地采用高频感应加热区熔法制备了 $CaB_6$

单晶，克服了熔剂法制备 $CaB_6$ 的尺寸限制。同时，在高频感应加热区熔法制备 $LaB_6$ 中，稍添加 $CaB_6$ 来增加硼含量，发现供料棒中 $CaB_6$ 达 6%（质量分数）时，熔化区就达到合适的成分，可得到无杂质的单晶。最近日本又加强了其对 $CaB_6$ 陶瓷理论上的研究，报道了 $CaB_6$ 的铁磁性、晶格畸变及 GW 准粒子的能带结构。

$CaB_6$ 的用途：

（1）冶金工业中的脱氧剂。铜合金中普遍应用的脱氧剂是磷。用磷作为铜合金的脱氧剂，其脱氧速度快，脱氧效果好，但磷有毒，且微量的残余磷将强烈降低铜合金的电导率，不适合电工器材用的高电导率的铜材要求。在 20 世纪 70 年代开始对 $CaB_6$ 脱氧性能进行了研究，发现 $CaB_6$ 能够除去 Cu 中的氧，而微量的 B 残留在 Cu 中可以提高材料强度而不降低其导电性。国内的研究也发现该材料具有良好的脱氧效果，是一种很有发展前景的脱氧剂。

（2）抗氧化及抗腐蚀材料的添加剂。$CaB_6$ 加入到耐火材料中，高温下可以产生硼酸盐结构而起到致密化的作用，从而防止碳的氧化。当含硼材料和金属共同加入到含碳耐火材料中时，由于硼与金属的协调作用，不仅提高了含碳材料的抗氧化性，而且也能改善其抗浸蚀性和高温强度。

美国、德国和瑞士也先后对 $CaB_6$ 新材料进行了研究。美国于 20 世纪 70 年代就研究了 $CaB_6$ 的粉末合成和热压烧结工艺。近年来美国研究了 $CaB_6$ 烧结体的高温氧化性能及在低密度自由电子气中的高温弱铁磁性。德国对 $CaB_6$ 的研究主要集中于 $CaB_6$ 在脱氧和抗氧化方面的应用。瑞士研究了 $CaB_6$ 的电子传送、热电性、[11]B 的核磁共振、点缺陷及铁磁性和 $CaB_6$ 的低温热电性，它对核工业中应用具有重要意义。

近几年，我国鞍山热能研究院曾研究过 $CaB_6$ 用作铜的脱氧剂；洛阳耐火材料研究院的叶方保等研究了含硼添加剂提高含碳耐火材料的抗氧化性的基本原理；山东大学材料科学与工程学院的实验室也从事硼化物材料的研究，已经能够制备 $CaB_6$ 粉末和多晶体材料；辽宁省化工研究院采用碳化硼工艺对 $CaB_6$ 合成工艺和中科院金属研究所合作，制备了批量产品，其技术在泰丰新素材（大连）有限公司实行了产业化，并对 $CaB_6$ 在防中子方面与中科院原子能研究所进行了应用试验，取得好的效果。

六硼化钙（$CaB_6$）是一种富硼金属的化合物，在高新技术方面有着重要的应用，特别在中子防护上显示出无与伦比的特性，对中子有较强的吸收能力，耐高强、耐高温、耐磨等，它在耐火材料、有色金属提炼及电子工业方面等有着广泛的用途。

六硼化钙近年来是国外新开发的防护中子材料。20 世纪 80 年代以来，美国有 4 家公司开发并投入工业生产。这种屏蔽新材料较镉等具有质轻、价低、寿命长、制造工艺简单、防辐射效果好等优点，美国 80 年代产量达 5 万千克/年，其国际市场价格在 500~1100 美元/千克。

### 6.3.1　合成工艺

根据文献调查，国外共有 9 种合成路线，经对这 9 种路线的比较，我们选择了钙盐、硼碳化合物及元素硼原材料在高温下反应制取六硼化钙的技术路线，这条路线原料可立足于国内、来源容易、成本低、安全可靠、工艺简单，并可较大规模生产，对这种精细硼化工产品是较适宜的。

该工艺要求反应温度在 1400~1900℃，取料准确，原料要求杂质含量低，根据文献报道反应速度较快（1~3h 便可完成）。另外还有一个重要的要求是反应必须在真空下进行，开始反应的真空度要求在 4Pa 以下，才能使反应物料较好地转化。反应物料要求杂质含量低，但根据国内原料如碳化硼及元素硼，其纯度只能在中档水平（不是高纯的），考虑到制造成本，只能用这种档次的原料。这当然增加了一定的技术难度。在试验手段上，要使用反应所要求的高温反应炉并能满足真空度的要求，这是很重要的，炉温必须达到要求（1400~1900℃）。

其工艺流程是：原料→混合→成型→高温反应→产品 $CaB_6$。钙氧化物与碳化硼、元素硼粉及活化剂按一定配比充分混合后，在压力下加少量的黏合剂进行成型，经干燥放入刚玉坩埚中，称量后放入高温炉在真空下进行转化反应，出料后（根据用户要求成型）便可得到最终产品 $CaB_6$。

#### 6.3.1.1　原料

碳化硼（$B_4C$）规格为 $W_5 \sim W_{63}$（含 $B_4C85\% \sim 98\%$）。小样试验在辽宁开原化工厂进行。放大试验在黑龙江牡丹江宁安碳化硼磨料厂进行。元素硼（B）含量 ≥90%，由辽宁营口市精细化工厂生产。钙盐、化学纯活化剂由辽宁省大连市某厂生产。

#### 6.3.1.2　设　备

小样试验设备包括：

（1）反应设备为真空特种电炉（上海电炉厂），型号 SL63-6，编号 63-004，功率 25kW，温度 2000℃，真空度 0.065Pa。

（2）2X-30 型气式真空泵，极限真空度 0.065Pa，功率 2kW，抽气速率 30t/s，转速 400~420r/min，另外，还附带调压器等。

（3）混料设备为混料机，不锈钢外筒，外设有机玻璃视套。

（4）成型机为1~1.5t压力成型机，按需要形状进行成型，原料用刚玉坩埚盛装。

（5）反应炉，功率63kW，最高温度2200℃，工作室直径$\phi$150mm、高300mm，炉子生产能力500千克/年，附真空系统，真空泵2X-70，气量70t/min，真空度0.4Pa，成型设备同上，所用盛料坩埚材质为热弹氮化硼（BN）。

## 6.3.2　研究结果及试验条件

从表6-5看出，在1500~1700℃的温度范围内，1600℃时反应的产率较高。

表6-5　反应温度对产品产率的影响

| 试验组号 | 反应温度/℃ | 生熟料 | | 产率/% |
|---|---|---|---|---|
| | | 料前重/g | 烧后重/g | |
| T-01 | 1500 | 52.8 | 29.0 | 54.5 |
| T-02 | 1600 | 215 | 149 | 69.3 |
| T-03 | 1700 | 137 | 83.3 | 60.9 |

注：1. 元素硼（B）过量5%，反应时间3h，真空度：开始时为4Pa，结束时为467Pa。

2. 产率（即产品实物收得率）$= K($烧前团块重$)/L($烧后团块重$)×100\%$。

从表6-6看出，在元素硼（B）按理论量过量（重量级3%~5%）的试验范围内的配料比5%产率较高，再高的过量有一个制造成本问题，因而未进行试验，加之由于我们所用的原料（元素硼）纯度不够高，因而再低的配料比（1%过量）也不一定会出现反应不明显的现象。

表6-6　配料比对产品产率的影响

| 试验组号 | 配料比/% | 生熟料 | | 产率/% |
|---|---|---|---|---|
| | | 料前重/g | 烧后重/g | |
| R-01 | 3 | 135.4 | 85.0 | 62.9 |
| R-02 | 5 | 248.7 | 171 | 68.8 |

注：1. 反应温度1600℃，反应时间3h，真空度：开始时为4Pa，结束时为467Pa。

2. 配料比：按照理论量的过量重量百分数计算。

从表6-7看出，反应时间在试验的范围内（1~3h）产率不够明显。2~3h略高一些。

表 6-7 反应时间对产品产率的影响

| 试验组号 | 反应时间/h | 生熟料 | | 产率/% |
|---|---|---|---|---|
| | | 料前重/g | 烧后重/g | |
| h-01 | 1 | 246 | 160 | 65.0 |
| h-02 | 2 | 221.7 | 150 | 67.7 |
| h-03 | 3 | 115.4 | 83.3 | 69.4 |

注：反应温度 1600℃，配料比：元素硼（B）过量 5%，真空度：开始时为 4Pa，结束时为 467Pa。

从表 6-8 看出，在最佳的工艺条件下，产品产率可达 70% 以上。

表 6-8 按最佳条件所获得的产率

| 试验编号 | 工艺条件 | | | 产率/% |
|---|---|---|---|---|
| | 温度/℃ | 取料比/% | 时间/h | |
| Q-01 | 1600 | 5 | 3 | 71.3 |
| Q-02 | 1600 | 5 | 3 | 72.5 |
| Q-03 | 1600 | 5 | 3 | 76.9 |
| Q-04 | 1600 | 5 | 3 | 69.4 |
| Q-05 | 1600 | 5 | 3 | 67.7 |
| Q-06 | 1600 | 5 | 3 | 68.8 |

从表 6-9 看出，在试验的最佳条件下，含硼量可以满足要求。

表 6-9 按最佳条件所得的产品含硼量

| 试验编号 | 工艺条件 | | | 产率/% |
|---|---|---|---|---|
| | 温度/℃ | 取料比/% | 时间/h | |
| m-01 | 1600 | 5 | 3 | 58.22 |
| m-02 | 1600 | 5 | 3 | 59.22 |
| m-03 | 1600 | 5 | 3 | 58.82 |
| m-04 | 1600 | 5 | 3 | 59.24 |
| m-05 | 1600 | 5 | 3 | 60.40 |
| m-06 | 1600 | 5 | 3 | 59.30 |
| m-07 | 1600 | 5 | 3 | 59.80 |
| m-08 | 1600 | 5 | 3 | 58.49 |
| m-09 | 1600 | 5 | 3 | 59.8 |

## 6.4 二硼化锆的产业化

### 6.4.1 特性与用途

二硼化锆分子式为$ZrB_2$，相对分子质量为112.8。二硼化锆具有高熔点、高强度、高硬度、导热性、导电性良好、中子控制能力良好等特点，因而在高温结构陶瓷材料、复合材料、耐火材料以及核控制材料等领域得到了较好的应用。

在硼-锆系统中存在有三种组成的硼化锆，即一硼化锆（ZrB）、二硼化锆（$ZrB_2$）、十二硼化锆（$ZrB_{12}$），其中二硼化锆在很宽的温度范围内是稳定相。工业生产中制得的硼化锆多是以二硼化锆为主要成分的。二硼化锆是六方晶系 C32 型结构的准金属结构化合物。

二硼化锆具有极高的熔点、强度、硬度和电导率，且电导率温度系数为正，低的线膨胀系数，好的化学稳定性、捕集中子、阻燃、耐热、耐腐蚀和轻质等特殊性质，应用也日益广泛。

二硼化锆主要用作复合陶瓷，由于它的熔点高，耐熔融金属腐蚀性好，所以在熔融金属测温用热电偶保护套管和冶金坩埚中有着重要的应用。也有部分应用于蒸发舟行业。另外，在耐磨耐腐蚀抗氧化涂层、热中子堆核燃料的控制材料、包裹材料、耐火材料添加剂方面也有应用。目前二硼化锆全球产量为30~40t。

### 6.4.2 二硼化锆的合成工艺

二硼化锆的制备同二硼化钛很相似，主要有以下几种合成方法：一是直接合成法，使用锆粉和高纯硼粉，合成二硼化锆：$Zr+2B = ZrB_2$，该法成本高，只在实验室有应用。二是碳热还原法，使用活性碳在高温下作为还原剂，使用氧化硼或碳化硼作为硼源，锆源采用二氧化锆：$ZrO_2+B_2O_3(B_4C)+C \rightarrow ZrB_2+CO$。三是金属热还原法，即自蔓延高温合成（SHS）工艺或叫做燃烧合成（CS）工艺，使用铝粉或镁粉作为还原剂，利用反应产生的高温，使反应在引发后可以自动进行，无需外加热源，即可完成反应。

二硼化锆生产主要采用碳热还原法，采用碳化硼作硼源。由于二硼化锆的反应温度较高，需要在1950℃左右反应，所以采用碳化硼作硼源，使之在高温下原料的挥发度减小，有利于配料的精确性。

该法得到的二硼化锆粒度较大，需要进一步的磨细，以适合客户的要求。

### 6.4.3   燃烧合成技术制取二硼化锆粉末

丹东市化工研究所有限责任公司承担的燃烧合成技术制备二硼化锆粉末项目属于丹东市计划项目，经过一年多时间的研究，现已完成。

二硼化锆（$ZrB_2$）是一种六方晶系的化合物，理论含硼量为 19.2%，外观为灰色至黑色。二硼化锆材料具有高硬度、高熔点（3034℃）、耐热冲击、抗氧化性，具有良好的导电性能及导热性能，并能耐熔融金属腐蚀，是极具开发前景的新材料。二硼化锆粉末应用于结构材料、材料保护、功能材料等领域，作为一种新型的功能性结构陶瓷材料，以其优良的导电、导热性能，越来越受到人们的重视。尤其在作为钢水连续测温方面采用的温度计套管，目前尚无材料可替代二硼化锆。

二硼化锆的制备方法较多，有直接合成法、采用氧化硼的碳热还原法、碳化硼作硼源的碳热还原法、元素燃烧合成法、以镁粉和氧化硼为原料采用燃烧合成技术制备二硼化锆方法。经过理论计算及各种条件的初试，我们选择了燃烧合成技术制备二硼化锆。燃烧合成也称自蔓延高温合成，该技术自 20 世纪 70 年代在苏联获得应用以来，有许多重要的陶瓷原料产品均可以用此技术生产。我们的创新点在于在国内首次采用燃烧合成技术制备高纯、超细的二硼化锆粉末，并使其实现产业化。

燃烧合成的基本要素是：

（1）利用化学反应自身放热，完全或部分不需要外界热源。

（2）通过快速自动波燃烧的自维持反应得到所需成分和结构的产物。

（3）通过改变热的释放和传输速度来控制过程的速度、温度、转化率和产物的成分与结构。

二硼化锆的简单合成工艺如下：混料→压坯→燃烧合成→酸洗→干燥→过筛→包装→产品。

产品质量指标及测试结果见表 6-10。

**表 6-10   产品质量指标及测试结果**

| 项 目 | 质量指标 | 测试结果 |
| --- | --- | --- |
| B 含量/% | 18.5~19.5 | 18.2 |
| Zr 含量/% | 79.5~82.0 | 80.5 |
| X 射线衍射结果 | 无杂质相存在 | 无杂质相存在 |

我们的产品经用户应用，认为该技术合成的二硼化锆产品纯度高，粒度

细，完全达到了用户使用的要求，与碳热还原法相比，其含碳量低，具有很好的应用效果。

燃烧合成技术制备二硼化锆粉具有成本低、易于实现工业规模生产等优点，具有一定的技术优势和产品优势。燃烧合成制备的二硼化锆完全不含碳热还原法中难以去除的碳元素，而碳元素在某些应用中是极为有害的，所以我们的产品更适合于用户的使用。

二硼化锆的基本理化性质：二硼化锆是六方体晶型，其准金属结构决定了二硼化锆具有良好的导电性和迁移性，而硼原子面和锆原子面之间的 $ZrB_2$ 离子键以及 B—B 共价键的强键性决定了这种材料的高熔点、高硬度和高稳定性。

同时，它还具有良好的阻燃性、耐热性、抗氧化性、耐腐蚀性等特点。其密度为 6.085~6.17，熔点为 3040℃，洛氏硬度为 88~91，抗压强度为 1555.3GPa，耐铝、钙、镁、硅、铅及锡等浸蚀，电阻率为 $16.6×10^{-5}\Omega\cdot cm$，热导率为 24.27W/（m·K）。

典型应用有：在碳基耐火材料中作为抗氧化剂添加剂；切削工具；抗磨材料；结构陶瓷。

产品规格见表 6-11。

表 6-11　ZrB₂ 产品规格

| 级别 | 纯度/% | 水分/% | 粒度/μm |
| --- | --- | --- | --- |
| 二硼化锆90% | ≥90 | ≤1.0 | 5 |
| 二硼化锆99% | ≥99 | ≤0.5 | 15 |

包装：50 千克/纸板桶（散包装）或 2 千克/铝塑袋（真空），50 千克/铁桶。

二硼化锆是一种重要的结构陶瓷原料，它具有许多独特的性质，如导电性、导热性及高强度，应用广泛。由于二硼化锆的耐熔融金属腐蚀性能较好，故可用于制造钢水连续测温方面采用的温度计套管。另外作为结构陶瓷原料，它还可以与其他陶瓷粉末制成各种结构陶瓷。

我们自从开始了这个项目的研究工作后，便系统地查阅了二硼化锆合成的资料，从许多方法中选定了燃烧合成法。我们选择这个方法的原因有以下几点：一是燃烧合成方法是一种较为通用的方法，其设备及工艺在各个品种之间的差别不是很大，可以很方便地合成出其他材料；二是燃烧合成方法可以较小的投资完成较大的生产规模，其他方法则很难做到这一点；三是该方法的原料易得，可以很容易在市场上采购；四是该方法合成出的产品粒度细，可省掉其他方法的磨细过程，从而避免了产品的二次污染，提高了产品纯度。但是燃烧合成技术是一项较新的技术，国内并没有采用此技术规模生产二硼化锆的先例，即使在国外也很少见。我们首先遇到的问题就是反应器的设计。国内没有类似的反应器可供借鉴，而资料上关于这方面的介绍也很少。我们只有自己摸索，从实验室规模的1L反应器到中试规模的30L反应器直到生产规模的100L反应器，我们在不断地改进反应器的构造和形式，终于有了一个比较定型的反应器。在实验过程中，我们在反应物的配比、燃烧条件的选择及控制、活化工艺的应用引进及稀释剂的添加等方面作了很多工作，尤其在燃烧条件的控制方面，由于燃烧反应是一个很强的放热反应，其速度很快，反应时间只有1min左右，对于燃烧过程中的温度、反应物的物相及物料平衡计算等都比较难于控制，往往导致生产的副产物太多使产品纯度过低，我们通过改进物料配比、控制反应温度、添加稀释剂来降低燃烧温度、减缓燃烧速度，使该问题得到了解决。

在稀释剂的添加上，在文献中只有两种添加剂有过研究，即氧化镁和二硼化锆，这是因为这两种物质都是在燃烧产物中大量存在的，用它们做稀释剂不会改变燃烧产物的基本化学组成，从而避免了在高温下复杂的副反应。我们通过大量实验，确定了各种稀释剂的加入量，并使之有相当好的降低燃烧速度的效果。在未加稀释剂前，一个反应器内盛有2kg的物料，点燃后的燃烧时间只有5~7s，温度达到了很高的程度，反应有强烈喷料现象。在加了一定的稀释剂后，燃烧时间降到了30s以上，不再发生喷料现象，反应程度也变得温和多了，同时也提高了产品质量，并使操作工艺更为简单了。

此外，在产物的处理上我们也做了许多工作。由于燃烧产物中含有大量的氧化镁，必须进行酸洗处理。但二硼化锆的化学性质并不稳定，太强的酸和高温会使之分解，所以应该使用较稀的酸和较低的温度，但这较弱的条件又很难将氧化镁及其他杂质洗净，所以我们采用了一种方式，使整个洗涤过程在一样的酸浓度下恒温进行，避免了二硼化锆的分解，并且保证了产品的质量。

## 6.4.4  燃烧合成技术制取二硼化锆粉末技术的研究

### 6.4.4.1  技术方案论证及其主要技术特征

二硼化锆的制备方法较多，主要简述如下：

一是直接合成法：由金属锆和元素硼粉在反应器中直接反应生成产物。

由于原料价格高，反应不易控制，故很少采用。

二是采用氧化硼的碳热还原法：使用二氧化锆、氧化硼、碳粉在 1950～2100℃高温下生成二硼化锆，由于氧化硼挥发严重，所以产品纯度不高，工艺较难控制。

三是采用碳化硼的碳热还原法：使用碳化硼作硼源，与二氧化锆、碳粉在高温（1800℃）反应生产二硼化锆，是目前工业上应用最普遍的方法，该工艺较好控制，但产品中的残余碳及粒度很难控制。

四是元素燃烧合成法制备二硼化锆：原理同第一法，只是采用燃烧合成技术来完成该反应，此方法可得到高纯度二硼化锆，但原料成本很高。

五是采用镁粉、氧化硼、二氧化锆作为原料，采用燃烧合成技术制备二硼化锆。

经过理论计算及各种条件的初试，我们选择了第五种方法，即燃烧合成技术制备二硼化锆。燃烧合成也称自蔓延高温合成，是利用化学反应自身放热制备材料的新技术。

燃烧合成技术自 20 世纪 70 年代获得应用以来，有许多产品都可以用此技术生产，如碳化锆、碳化硅、氮化硼、二硼化钛、二硼化锆、碳化硼等重要的陶瓷原料均可由此法制得。金属热还原合成是应用最广泛的以化合物作为反应物的燃烧合成反应。

### 6.4.4.2 实验部分

产品分子式为 $ZrB_2$，分子量为 112.84，主要原料规格与消耗如表 6-12 所示。

表 6-12 主要原料规格与消耗

| 名称 | 规格/% | 消耗/kg·kg⁻¹ | 产 地 |
|---|---|---|---|
| 二氧化锆 | 98 | 1.4 | 沈阳阿斯创矿业有限公司 |
| 氧化硼 | 97 | 0.9 | 开原化工厂 |
| 镁 粉 | 98 | 1.5 | 营口恒大公司 |
| 盐 酸 | 30 | 1.5 | 沈阳化工厂 |

生产工艺如下：

（1）混料：将二氧化锆、氧化硼粉末、镁粉按照摩尔比 1:1:5.4 的比例加入到球磨机中，球磨时间为 6h，取出混合均匀的物料。

（2）压坯：为了使燃烧波的传递更加有效，上述物料需在一定压力下压制成坯。我们采用了硬质钢作成的模具，模具呈圆柱形，将物料压制成理论密度的 60%~65% 的坯。所选用的压力为 10~20MPa。

（3）燃烧合成：将上述坯块加入到自制的燃烧合成反应器中，在最上边的坯块上用物料作一薄层，上面均匀地撒上一些镁粉和点火助剂，将电引火器放在其上，引火器底部距物料的最佳距离为 2~5mm。盖上反应器上盖，采用轮流抽真空及通氩气的方法置换反应器中的空气，以避免空气中的氧和氮气所导致的副反应。当空气置换完成后，即可打开点火装置开关，点燃物料。物料在 5~10s 内被点燃，放出大量的光和热，有白烟冒出，经分析确认其中大部分是氧化镁。整个反应在数分钟内完成，放置降温，降温过程中不断通入氩气，以避免空气进入到反应器中使二硼化锆氧化。降至 300~400℃ 后取出物料，物料呈黑色层状，可见到原始的坯形，质地较疏松。

（4）酸洗：将上述物料经粉碎后慢慢加入到含有 10%~20% 盐酸溶液的搪瓷反应釜中，反应剧烈放热，经 8h 的酸洗，将物料过滤，滤液中含有大量的氯化镁，然后用水洗涤物料，洗净其中的酸及所含的盐分。

（5）干燥：将上述滤饼送入干燥箱内进行干燥，至水分小于 1% 后取出。

（6）过筛、包装：将干燥后的物料加入到球磨机中，将团聚颗粒打碎，然后过 180 目筛即得成品二硼化锆。最后进行包装。

### 6.4.4.3 产品应用结果

二硼化锆粉末作为一种重要的陶瓷原料，应用于多种产品及工艺中，经用户应用，产品纯度高，粒度细，完全达到了用户的使用要求，与碳热还原法相比，其含碳量低，具有较好的应用效果。

## 6.4.5 燃烧合成技术制取二硼化锆粉末经济效益分析

（1）以生产 1t 二硼化锆粉末计算，原材料消耗成本估算见表 6-13。

**表 6-13 原材料消耗成本估算**

| 原料名称 | 用量/kg | 单价/元·kg⁻¹ | 金额/元 |
|---|---|---|---|
| 氧化硼 | 900 | 18 | 16200 |
| 二氧化锆 | 1400 | 34 | 47600 |
| 镁粉 | 1500 | 19 | 28500 |
| 盐酸 | 15000 | 0.6 | 9000 |
| 其他 | | | 15000 |
| 总计 | | | 116300 |

（2）生产成本估算见表 6-14。

表6-14 生产成本估算

| 项　目 | 所需费用/元 | 项　目 | 所需费用/元 |
|---|---|---|---|
| 原料成本 | 116300 | 贷款利息 | 2000 |
| 煤水电消耗 | 12000 | 营销活动费 | 2000 |
| 人员工资 | 21000 | 其他不可预见费 | 3000 |
| 车间管理费 | 3000 | 生产总成本 | 160800 |
| 工厂管理费 | 1500 | | |

注：价格按当时的市场价。

（3）经济效益分析见表6-15。

表6-15 经济效益分析

| 单位产品销售价格 | 450000 元 |
|---|---|
| 生产总成本 | 160800 元 |
| 产品增值税 | 54689 元（增值部分为 321700 元） |
| 毛利率 | 234500 元 |
| 所得税 | 70350 元 |
| 净利润 | 164150 元 |

（4）年度生产效益分析：计划产量5t，预期产值225万元，增值税额27.3万元，净利润82万元。

（5）社会效益分析：该项目投产后，可为国内应用二硼化锆粉末的用户提供质优价优的原材料，能够有效提高产品质量及性能，提升市场竞争力，不仅能为国家增添一种新的高级陶瓷原料，而且能转化为最终产品，即钢水连续测温用热电偶套管，能直接为冶金工业的现代化做出自己的贡献。在冶金过程中对温度的有效控制，能够有效地提高冶炼质量，从而为国内的冶金工业的发展提供一种有益的帮助。

此外，二硼化锆粉末还可以打入国际市场，为国家出口创汇。该项目投产后的另一重要社会意义还在于可为硼工业提供初级产品进行的深加工产业探索出一条新路，快速促进硼精细化工的发展，为辽宁省及全国的硼工业做出一定贡献。

## 6.5 二硼化钛的产业化

### 6.5.1 燃烧合成技术制取二硼化钛粉末产品产业化

丹东市化工研究所有限责任公司承担的燃烧合成技术制备二硼化钛粉末

项目属于丹东市计划项目，经过一年多时间的研究，现已完成。

二硼化钛（$TiB_2$）是一种六方晶系的化合物，晶格常数为 $a=0.3028nm$，理论含硼量为 31.12%，外观为灰色至黑色。二硼化钛材料具有高硬度、高熔点（2980℃）、耐热冲击、抗氧化性、良好的导电性能及导热性能，并能耐熔融金属腐蚀等特性，是极具开发前景的新材料。二硼化钛粉末应用于结构材料、材料保护、功能材料等领域，作为一种新型的功能性结构陶瓷材料，以其优良的力学、导电、导热性能，越来越受到人们的重视。

二硼化钛的制备方法较多，有直接合成法、氧化硼的碳热还原法、碳化硼作硼源的碳热还原法、元素燃烧合成法、镁粉和氧化硼作为原料采用燃烧合成技术制备二硼化钛方法。经过理论计算及各种条件的初试，我们选择了燃烧合成技术制备二硼化钛。

二硼化钛的简单合成工艺如下：混料→压坯→燃烧合成→酸洗→干燥→过筛→包装→产品。

产品质量指标及测试结果见表6-16。

**表 6-16    产品质量指标及测试结果**

| 项　目 | 质量指标 | 测试结果 |
|---|---|---|
| B 含量/% | 29.5~32.0 | 29.44 |
| Ti 含量/% | 67.0~69.5 | 69.04 |
| X 射线衍射结果 | 无杂质相存在 | 无杂质相存在 |

二硼化钛粉末作为一种重要的陶瓷原料，应用于多种产品及工艺中，经用户应用，产品纯度高，粒度细，完全达到了用户的使用要求，与碳热还原法相比，其含碳量低，具有较好的应用效果。

使用燃烧合成技术制备二硼化钛粉末具有成本低、易于实现工业规模生产等优点，得到的产品纯度高、粒度细，是传统方法所难于达到的，具有一定的技术优势。燃烧合成制备的二硼化钛完全不含碳热还原法中难以去除的碳元素，而碳元素在某些应用中是极为有害的，更适合于这些用户的使用。经过用户的使用，认为该技术合成的二硼化钛粉末完全符合使用要求。

### 6.5.2  燃烧合成技术制取二硼化钛粉末经济效益分析

（1）以生产 1t 二硼化钛粉末计算，原材料消耗成本估算见表6-17。

表 6-17 原材料消耗成本估算

| 原料名称 | 用量/kg | 单价/元·kg⁻¹ | 金额/元 |
|---|---|---|---|
| 氧化硼 | 1200 | 18 | 21600 |
| 二氧化钛 | 1350 | 11 | 14850 |
| 镁粉 | 2150 | 19 | 40850 |
| 盐酸 | 33000 | 0.6 | 19800 |
| 其他 | | | 8700 |
| 总计 | | | 105800 |

（2）生产成本估算见表 6-18。

表 6-18 生产成本估算

| 项　目 | 所需费用/元 | 项　目 | 所需费用/元 |
|---|---|---|---|
| 原料成本 | 105800 | 贷款利息 | 1500 |
| 煤水电消耗 | 9500 | 营销活动费 | 2000 |
| 人员工资 | 17000 | 其他不可预见费 | 3000 |
| 车间管理费 | 3000 | 生产总成本 | 142800 |
| 工厂管理费 | 1000 | | |

（3）经济效益分析见表 6-19。

表 6-19 经济效益分析

| 单位产品销售价格 | 250000 元 |
|---|---|
| 生产总成本 | 142800 元 |
| 产品增值税 | 22899 元（增值部分为 134700 元） |
| 毛利率 | 84300 元 |
| 所得税 | 25290 元 |
| 净利润 | 59010 元 |

（4）年度生产效益分析：计划产量 10t，预期产值 250 万元，增值税额 22.9 万元，净利润 59 万元。

（5）社会效益分析：该项目投产后，可为国内应用二硼化钛粉末的用户提供质优价优的原材料，能够有效提高产品质量及性能，提升市场竞争力。此外，二硼化钛粉末还可以打入国际市场，为国家出口创汇。该项目投产后的另一重要社会意义还在于可为硼工业提供初级产品进行的深加工产业探索出一条新路，快速促进硼精细化工的发展，为辽宁省及全国的硼工业做出一定贡献。

### 6.5.3   燃烧合成技术制取二硼化钛粉末技术的研究

#### 6.5.3.1   技术方案论证及其主要技术特征

二硼化钛的制备方法较多，主要简述如下：

一是直接合成法：由金属钛和元素硼粉在反应器中直接反应生成产物。由于原料价格高，反应不易控制，故很少采用。

二是采用氧化硼的碳热还原法：使用二氧化钛、氧化硼、碳粉在1800℃高温下生成二硼化钛，由于氧化硼挥发严重，所以产品纯度不高，工艺较难控制。

三是采用碳化硼的碳热还原法：使用碳化硼作硼源，与二氧化钛、碳粉在高温（1800℃）反应生产二硼化钛，是目前工业上应用最普遍的方法，该工艺较好控制，但产品中的残余碳及粒度很难控制。

四是元素燃烧合成法制备二硼化钛：原理同第一法，只是采用燃烧合成技术来完成该反应，此方法可得到高纯度二硼化钛，但原料成本很高。

五是采用镁粉、氧化硼、二氧化钛作为原料，采用燃烧合成技术制备二硼化钛。

经过理论计算及各种条件的初试，我们选择了第五种方法，即燃烧合成技术制备二硼化钛。燃烧合成也称自蔓延高温合成，是利用化学反应自身放热制备材料的新技术。

#### 6.5.3.2   实验部分

产品分子式为 $TiB_2$，分子量为 69.6，主要原料规格与消耗如表 6-20 所示。

**表 6-20   主要原料规格与消耗**

| 名　称 | 规格/% | 消耗/kg·kg⁻¹ | 产　地 |
|---|---|---|---|
| 二氧化钛 | 98 | 1.45 | 安徽铜陵安纳达公司 |
| 氧化硼 | 97 | 1.3 | 开原化工厂 |
| 镁　粉 | 98 | 2.3 | 营口恒大公司 |
| 盐　酸 | 30 | 3.7 | 沈阳化工厂 |

生产工艺及产品应用结果与二硼化锆的基本相同，在此不再详述。

### 6.5.4   自蔓延法生产二硼化钛的酸洗过程研究

丹东市化工研究所有限责任公司金英花指出：二硼化钛（$TiB_2$）是一种

六方晶系的化合物，晶格常数为 $a = 0.3028\text{nm}$，理论含硼量为 31.12%，外观为灰色至黑色。熔点达 2980℃，在空气中耐氧化温度高达 1000℃。二硼化钛材料具有高硬度、高熔点、耐热冲击、抗氧化性、良好的导电性能及良好的导热性能，并能耐熔融金属腐蚀，是极具开发前景的新材料。它目前最大量的应用集中在真空镀铝用蒸发舟上，这是利用了其耐熔融金属的腐蚀性，它的这种优良性能也使之可以用于电解铝生产中的电极，能较大幅度地提高电流效率，降低生产成本。另外作为结构陶瓷原料，它还可以与其他陶瓷粉末制成各种结构陶瓷。

自蔓延合成技术（SHS 技术）是国际上成熟的最新技术，使用自蔓延技术生产二硼化钛粉末与用其他方法相比，具有过程简单、纯度高、粒度小、通过条件控制可直接作到亚微纳米级、粉末活性高等优点，而且该技术采用燃烧产生的高温来合成粉体，速度极快，与传统方法相比可大量节省电能，生产效率亦非常高，因此该技术具有很强的竞争力和商业价值。但是由于在 SHS 法合成的二硼化钛中含有大量的副产品氧化镁，所以应用此法生产二硼化钛需要一次酸洗，用盐酸或硫酸将氧化镁以可溶性镁盐的形式与二硼化钛分离。

### 6.5.4.1 SHS 过程副产物分析

燃烧产物中存在的除了氧化镁以外的物相很复杂，根据能否溶于酸可将其分为两类：一是酸可溶的副产物，主要是在高温下 $MgO$、$B_2O_3$ 和 $TiO_2$ 生成的各种氧化物盐，典型的有 $3MgO \cdot B_2O_3$ 和 $2MgO \cdot TiO_2$ 等。此外，还有未反应的镁粉、氧化硼及氧化硼的部分还原产物一氧化硼等。二是酸不溶性的物相，如原料中的 $TiO_2$ 及其不完全还原产物，如 $TiO$、$Ti_2O_3$ 等，以及氧化硼不完全还原产生的 $BO$、$B_6O$ 等。此外，还有一些 Ti 和 B 生成的其他硼化合物，如 $TiB$ 和 $Ti_2B_3$ 等。

对于酸可溶的副产物，可通过各种条件的酸洗除去，但对于酸不溶的物相，除了控制原材料配比和反应条件抑制其生成外，一旦生成或存在于产物中，将很难除去。

### 6.5.4.2 二硼化钛在酸洗过程中的化学稳定性

酸洗的主要目的是除去氧化镁及其他酸可溶性杂质，但伴随着这些杂质的酸溶，二硼化钛在酸中的腐蚀也不断产生。

从表 6-21 中可得知，二硼化钛对于大多数酸是不稳定的，尤其是高浓度、高温下腐蚀更为严重。

表 6-21   二硼化钛在酸中腐蚀性质                                （ % ）

| 盐酸 | | 硝酸 | | 硫酸 | | 磷酸 | | 草酸 | | 氢氟酸 |
|---|---|---|---|---|---|---|---|---|---|---|
| 35% | 16% | 65% | 30% | 98% | 25% | $d=1.7$ | 1:4 | 饱和 | 1:3 | 浓 |
| 94 | 95 | 28 | 31 | 89 | 96 | 98 | 98 | 94 | 89 | 无数据 |
| 58 | 61 | 1 | 1 | 58 | 68 | 全部分解 | 65 | 51 | 5 | 64 |

注：表中第 3 行表示室温下 24h 与酸作用所得不溶物残渣；表中第 4 行表示煮沸 2h 后所得不溶
　　物残渣。

Ti 的主要离子价态有 $Ti^{4+}$、$Ti^{3+}$ 和 $Ti^{2+}$。其中二价钛离子是相当不稳定的，目前尚未分离到纯的二价钛化合物。而三价钛和四价钛离子在某些条件下是稳定的。当用盐酸进行酸洗时，酸洗溶液为紫色，经过定性分析，认为紫色是由 $Ti^{3+}$ 带来的，可以这样推测：$TiB_2+[H^+]\rightarrow Ti^{3+}$。当将纯二硼化钛与酸反应时，有气体生成，该反应式应为：$[Ti]+[H^+]\rightarrow Ti^{2+}$，$Ti^{2+}+H_2O\rightarrow Ti^{3+}+H_2$，所以生成的气体应为氢气。四价钛离子由三价钛离子氧化生成，当条件合适时，会发生下列反应：$Ti^{4+}\rightarrow TiO_2+H^+$。$Ti^{3+}$ 和 $Ti^{4+}$ 离子可由在溶液中加入双氧水，与之形成不同特征的黄橙色溶液识别。综合以上反应，可以有下列三个反应式：

$$TiB_2+H^+ \longrightarrow Ti^{3+}$$
$$Ti^{3+}+O_2+H_2O \longrightarrow Ti^{4+}$$
$$Ti^{4+} \longrightarrow TiO_2+H^+$$

这些反应式说明，在适当条件下只要存在氢离子，就会不断发生二硼化钛转变成二氧化钛的过程，该过程中，酸只是作为催化剂使用，这可由当存在游离酸时，二硼化钛滤饼有时会大量放热并结块，使硼化钛含量降低很多的事实所证明。二硼化钛的化学稳定性随着二硼化钛的纯度、粒度、分散状态不同变化很大。碳热还原法及硼热还原法的二硼化钛稳定性最佳，这种硼化钛即使在 20% 硫酸中 80℃ 下处理，也不会有太多的腐蚀现象发生，但是如果将 SHS 法的二硼化钛在 5% 硫酸中 40℃ 下处理 3h，也会使重量减轻 30%，并使纯度降低 20% 以上。这是由于在 SHS 技术生产二硼化钛过程中，产品粒度较小，$D_{50}$ 只有 $1\mu m$ 左右，且反应速度很快，使二硼化钛晶形不完整，这样二硼化钛的耐化学腐蚀性降低。

6.5.4.3   二硼化钛酸洗工艺的确定

通过以上分析，综合各种因素提出了针对 SHS 法生产二硼化钛中的酸洗条件：使用 3mol/L 盐酸进行酸洗，酸洗温度控制在 40~50℃，时间为 2h。另外，考虑到镁热还原法生产硼化钛产物中含有约 80% 的氧化镁，所以可以考虑采用两步酸洗，即第一步用大量的盐酸，较低温度下洗去大部分氧化镁。考虑到酸浓度高对硼化钛的腐蚀作用加强，所以采用了将 SHS 产物磨细后与水形成悬浮液，控制 pH 值不大于 2 的情况下搅拌加入定量的盐酸。第二步是在第一步反应完成后过滤，然后将二硼化钛滤饼加入到 3%~5%盐酸中，于 $40~60℃$ 下反应 $1.5~2h$，以去除较难反应的钛酸盐和硼酸盐等，从而得到了较纯的二硼化钛，其纯度 $\geqslant98\%$，粒度 $\leqslant1\mu m$。

### 6.5.4.4 结论

初步探讨了 SHS 法生产二硼化钛中酸洗过程的机理及二硼化钛在酸中水解的过程，提出了一个可行的酸洗过程。通过该酸洗程序，可以将二硼化钛的水解作用减少，并尽可能地除去酸可溶性的杂质，从而提高了 SHS 法生产二硼化钛的纯度。

## 6.6　丹东日进科技有限公司简介

丹东日进科技有限公司位于辽宁省丹东市内，是专业生产各种含硼材料和制品的民营科技企业。丹东地处中朝边境，鸭绿江边，濒临北黄海，具有沿边、沿海、沿江的优势，是东北亚的中心地带。丹东周边地区是硼矿资源的储存地，地理位置得天独厚。公司成立以来，为用户提供了大量的质优价廉的各种硼产品，受到了用户的好评。

公司占地约 $8000m^2$，厂房面积约 $3000m^2$，固定资产 1200 万元，员工 40 余人，其中科技人员 12 人。公司目前生产的主要产品有六方氮化硼、无定形硼粉、二硼化钛、二硼化锆等，广泛应用于冶金、机械、电子、电力、化工、建材和航天航空与核工业等部门。公司于 2011 年 9 月通过了 ISO 9001：2008 质量管理体系认证，建立了完善的质量管理体系。公司的经营方针是：用质量打造品牌，让品种开拓市场，把管理化为效益，以改革持续发展。

#  难熔超硬耐高温硼化物

# 市场发展前景

## 7.1 硼化钛、硼化锆及硼化钙发展前景

二硼化钛粉末最主要的单一用途是生产金属真空镀膜用的蒸发舟。真空沉积是一种将金属，如铝、铜、锌和锡镀在金属、玻璃和塑料等底材上的常用方法。通常使用一个通过电阻加热方式由金属或陶瓷制成的容器（在此工艺中一般称为"蒸发舟"或"镀金属舟"）。舟在蒸发室中与电源相接，控制其加热的温度，使其足够将与其接触的加料金属气化。由此可见，对蒸发舟要求有良好的导电性、耐高温性、耐熔融金属腐蚀性等。二硼化钛与氮化硼的复合陶瓷具备这样的优良性能。在蒸发舟中，二硼化钛的成分占 45% ~ 50%。全球在 2006 年每年生产 600 ~ 800t 蒸发舟，使用二硼化钛 300 ~ 400t。

另外，二硼化钛还可在武器装甲中使用，提高防护力；还有在高温结构陶瓷中广泛使用。但在这些领域中用量均不大，每年有 50t 左右。

尽管 $ZrB_2$ 陶瓷综合性能优异，越来越得到人们的青睐，但是因为其烧结困难，而且 $ZrB_2$ 陶瓷强度与碳化硅、氮化硅等陶瓷材料相比还比较低，从而限制了其应用范围。而且高纯度 $ZrB_2$ 陶瓷的制备一般都是在实验室条件下进行的，难以工业化生产，这也影响了它的应用。目前的状况是 $ZrB_2$ 陶瓷只有作为复合材料中的一相调节复合材料的结构和成分或者复相陶瓷中的一相考虑添加与之匹配的材料来改善其烧结性能，增加其抗氧化性和强度。而作为耐火材料来说，$ZrB_2$ 具有非常好的综合高温性能（高温强度、热震稳定性、耐腐蚀性等），是很有发展前景的高性能耐火材料，如何获得价格低廉的合成原料是此类材料得以推广应用的关键。

$ZrB_2$ 陶瓷一般作为高温结构材料来使用。但是随着研究的发展和深入，因为其很好的导电、导热性能，在借鉴前人工作成果的基础上，应该好好地挖掘其新的热学、电学性能，以便更好地加大在功能材料方面的应用程度和深度。

二硼化钛、二硼化锆都主要用作特种陶瓷原料，可单独用于制造陶瓷，

也可用于制造复合陶瓷，特点是耐高温、抗氧化性强、耐腐蚀性好、抗热震性强、导热性好。目前，硼化物特种陶瓷制品已经广泛用于火箭、喷气飞机、复合装甲、防弹衣、钢水水平连铸分离环、镀铝用蒸发舟、铝电解阴极衬板、集成电路基片等众多部件，另外二硼化钛、二硼化锆还广泛用作研磨材料和防腐涂覆材料，这几种产品的市场容量较大，据文献报道，仅在1999年全世界（不包括俄罗斯）二硼化钛的产量就有1500t，大部分用于复合陶瓷的制造，其平均价格在4.5万~7.5万美元/吨。就国内市场调查的情况看，这几种产品的用量亦较大，二硼化钛的需求量为60~100t，二硼化锆的需求量大约为50t，而且随着工业水平的不断提高，用量还将迅速增加，还有一些出口。而六硼化钙（$CaB_6$）还可以作为炼铜助剂、耐火材料、电子工业用材料以及中子吸收剂活动容器和放射性乏燃料等。美国一公司生产的专利产品$CaB_6$的化学组成为：B含量40%~52%，Ca含量25%~31%。辽宁省化工研究院生产的$CaB_6$的化学组成为：B含量52.1%，Ca含量25.6%。

## 7.2 富硼金属化合物中子防护屏蔽新材料开发可行性研究

### 7.2.1 项目的重大意义

金属硼化物在高新技术方面有着重要的应用。特别是富硼金属硼化物在中子防护上，这种材料显示出无与伦比的特性，如六硼金属化物等对中子的较强吸收能力、耐高温、高强度、耐磨等。我国金属硼化物目前品种较少，不能满足日益发展的高新技术的需要，有计划地开发金属硼化物新材料，特别是富硼金属硼化物的开发，是我国硼工业应当开拓的领域。而辽宁省有着得天独厚的丰富的硼资源及雄厚的硼酸、硼砂母体产品原料，这为金属硼化物的开发和生产创造了有利的条件。

就东北三省金属硼化物新材料而言，基本是空白状态。根据国家对核电站建设的安排，辽宁省欲建两座，除了这种固定的核反应堆需要中子防护材料外，特别是核燃料及原料又需移动式的运输容器，由于其中子通量小就特别需要一种便宜的中子屏蔽材料。当然核潜艇这种移动式的反应堆更需要防中子的金属硼化物材料。而目前的实际情况是，国家正在建设移动式核电站，高硼金属硼化物应该适应这种需求。

本课题就是开发一种富硼化物仅为现有几种高档防护材料价格的1/20的防中子材料，它来源容易，制造工艺简单。所开发的中子吸收剂新材料六硼化物除作为中子防护新材料外，还可用于半导体材料及炼制有色金属铜的高效脱氧剂，可提高铜的导电性并减少铜锭的气孔和裂痕。

### 7.2.2　国内外发展情况及经济技术论证

六硼化物是近年来国外新开发的防中子新材料。20 世纪 80 年代以来美国就有四家公司在进行开发，美国 80 年代中期六硼化物产量以磅计达 5 万～10 万磅/年。国际市场销售价大约为 110 美元/kg。

在合成路线上，国外有 9 路路线：

（1）金属和单质硼在高温下直接化合反应。

（2）金属氧化物、氧化硼在 600℃下反应制得。

（3）氧化硼与金属碳化物混合物高温作用。

（4）金属偏硼酸盐与金属元素减压下反应。

（5）金属卤化物和元素硼在高温下反应。

（6）金属铝、氧化硼、金属氧化物混合物在坩埚中混合，高温下加热制得。

（7）在 800℃下用金属氯化物还原 $B_2O_3$ 制得。

（8）金属氧化物和氧化硼或金属氟化物溶液（或氯化物）进行电解。

（9）金属盐、硼碳化物和单质硼在高温下反应。

以 $CaB_6$ 作材质的移动式容器，我国原核工业第二设计院对所设计的移动式核容器进行防护核辐射（包括防护中子）考核试验，每个容器需 100～200kg。如果按照上述国际市场价格则每台产值 11.1 万～22.2 万美元，其利税可达人民币 30 万～55 万元，按照 10 台计可创利税 300 万～550 万元。

主要原材料消耗及费用见表 7-1。

表 7-1　主要原材料消耗及费用

| 名　称 | | 消耗量 | 金额/元 |
|---|---|---|---|
| 原材料 | 金属盐 | 1kg | 20 |
| | 硼碳化物 | 1kg | 120 |
| | 元素硼 | 0.2kg | 240 |
| | 活化剂 | 0.1kg | 20 |
| 能源 | 电耗 | 80kW·h | 40 |
| | 水 | 20t | 4 |
| 总　计 | | | 444 |

注：按当时的价格计算。

随着大亚湾及辽宁两座固定式核反应堆的建立与其配套的移动式核容器台数将是大量的，需要这种便宜的中子防护材料将更多，预计所创经济效益及社会效益将更为显著。

# 参 考 文 献

［1］ 郑学家，孟宪有. 富硼金属化合物六硼化钙［R］. 可行性研究报告，2006.

［2］ 王晓玲. 金属还原剂对 $TiB_2$ 粉体合成的影响［D］. 武汉：武汉科技大学，2014.

［3］ 李友芬，等. 二硼化锆及其在耐火材料中应用［J］. 现代技术陶瓷，2006（3）.

［4］ 杨丽霞，闵光辉，等. $CaB_6$ 陶瓷研究的进展［J］. 硅酸盐学报，2003，31（7）.

［5］ 郑树起，韩建德，闵光辉，等. $CaB_6$ 合成反应评价［R］.

［6］ 热压烧结制备硼化钛陶瓷的研究［D］. 上海：东华大学.

［7］ Zheng Shuqi, Min Guanghui, Zou Zengda, et al. Synthesis of calcium hexaboride powder via the reaction of calcium carbonate with boron carbide and carbon ［J］. J. Am Ceram Soc., 2001, 84 (11): 2725~2727.

［8］ Otani Shigeki. Preparation of $CaB_6$ crystals by the floating zone method ［J］. J. Cryst Growth, 1998, 192: 346~349.

［9］ Uchida K. Electrodeposition of $CaB_6$ ［J］. Surf Technol, 1978, 7 (1): 39~44.

［10］ Dutta S K. Hot pressing and mechanical properties of calcium hexaboride ［R］. AD7719214. USA: Army Materials and Mechanics Research Center, 1973: 13.

［11］ Dutta S K. Hot pressing of reaction sintered $CaB_6$: US, 4017577 ［P］. 1974-02-15.

［12］ Golovko E I, Serebryakova T I, Vojtovich R F, et al. Oxidation of composite $TiB_2-CaB_6$ ［J］. Poroshk Metall (in Russian), 1992, 12: 64~69.

［13］ Hhaegawa A, Yanase A. Electronic structure of $CaB_6$ ［J］. J. Phys. C: Solid State Phys., 1979, 12 (24): 5430~5440.

［14］ Gianno K, Sologlibenko A V, Ott H R, et al. Low temperature thermoelectric power of $CaB_6$ ［J］. J. Phys. Condens Matter, 2002, 14: 1035~1043.

［15］ 张智敏，蒋明学，李勇，等. 碳热还原法制备硼化钛热力学分析［J］. 轻金属，2008（11）：46~49.

［16］ Pierson J F, Behnonte T, Czerwied T, et al. Low temperature $ZrB_2$ remote plasma enhanced chemi cal vapor deposition ［J］. Thin Solid Films, 2000, 359: 67.

［17］ Millet P, Hwang T. Preparation of $TiB_2$ and $ZrB_2$ influence of a mechanochemical treatment on the carbonthermic reduction of titani a and zireonia ［J］. J. Mater Sci., 1996, 31: 35.

［18］ Song J X, Xu B Q, Yahg B, et al. Research of producing titanium by magnesiothermic reduction process ［J］. Light Metals, 2009, 12: 43~48.

［19］ 方舟，等. 二硼化锆陶瓷材料及其制备技术［J］. 陶瓷科学与艺术，2002（3）：11.

［20］ 吕晓姝，郑学家，代文双. 含硼复合材料［M］. 北京：化学工业出版社，2016：40~42.

［21］郑学家. 金属硼化物与含硼合金［M］. 北京：化学工业出版社，2012：9~38.

［22］郑学家. 新型含硼材料［M］. 北京：化学工业出版社，2010：24~27.

［23］郑学家，李武，陈雯，等. 硼化合物生产与应用［M］. 2版. 北京：化学工业出版社，2014：323~343.

［24］全跃，仲剑初，等. 硼及硼产品研究与进展［M］. 大连：大连理工大学出版社，2008：57~65.

［25］第三届中国辽宁国际镁质材料博览会会刊，2008：75.